建筑工程常见质量问题控制图解

中国施工企业管理协会　组织编写

中国建筑工业出版社

图书在版编目（CIP）数据

建筑工程常见质量问题控制图解 / 中国施工企业管理协会组织编写． -- 北京：中国建筑工业出版社，2025. 3. -- ISBN 978-7-112-30878-1

Ⅰ．TU712.3-64

中国国家版本馆 CIP 数据核字第 2025DZ6464 号

责任编辑：高 悦
责任校对：赵 力

建筑工程常见质量问题控制图解
中国施工企业管理协会　组织编写
*
中国建筑工业出版社出版、发行（北京海淀三里河路9号）
各地新华书店、建筑书店经销
北京光大印艺文化发展有限公司制版
北京云浩印刷有限责任公司印刷
*

开本：880毫米×1230毫米　1/32　印张：10⅜　字数：448千字
2025年3月第一版　　2025年3月第一次印刷
定价：98.00元
ISBN 978-7-112-30878-1
（44578）

版权所有　翻印必究
如有内容及印装质量问题，请与本社读者服务中心联系
电话：（010）58337283　　QQ：2885381756
（地址：北京海淀三里河路9号中国建筑工业出版社604室　邮政编码：100037）

编委会

主　　编：尚润涛
副 主 编：孙晓波　张国义
执行主编：张国义
编写人员：王　旭　吴学军　单彩杰　张宇翔　于　帅　张晓强
　　　　　翟桂庆　吕基平　张卫国　项艳云　刘　晖　蒋小军
　　　　　吴　余　于　科　金　振　萧　宏　黄延铮　戈祥林
　　　　　谢木才　张　涛　曹　光　张　涛　王军勇　田　来
　　　　　王爱勋　袁小林　颜昌明　程建军　李水明　祝国梁
　　　　　江　仟　晏礼伟　李　晖　刘　涛　盛智平　赵凤姣
　　　　　刘迎鑫　杨晓华　张晓冰　张希峰　李　建　李永明
　　　　　李成柱
　　　　　（按图解提供数量排序）
审定人员：许立山　董先锐　陈华周　王　甦　李胜松　张　志
　　　　　史新华　郭笑冰　安红印　陈　辉　刘　斌　沙权贤
　　　　　李　飞
　　　　　（按章节排序）
主编单位：中国施工企业管理协会

前 言

党的十八大以来，以习近平同志为核心的党中央高度重视质量工作，多次对质量工作作出重大部署，并明确提出建设质量强国，强调必须更好统筹质的有效提升和量的合理增长，始终坚持质量第一、效益优先，大力增强质量意识，视质量为生命，以高质量为追求。

为贯彻落实中共中央、国务院关于加快建设质量强国的决策部署，弘扬"追求卓越，铸就经典"的国优精神，引领带动更多建设工程提高质量，创建优质工程，中国施工企业管理协会组织行业专家，编撰《建筑工程常见质量问题控制图解》。

《建筑工程常见质量问题控制图解》共分为地基与基础、主体结构、建筑装饰装修、屋面、建筑给水排水及采暖、通风与空调、建筑电气、智能系统、电梯9章，包括295项常见质量问题的发生原因和解决办法。每项质量问题控制图解均由质量问题及原因分析、规范标准要求、正确做法及防治措施构成。

《建筑工程常见质量问题控制图解》作为一本工具书，特点鲜明。一是直观易懂。以图文并茂的形式，点明质量问题、明示正确做法；以正误对比的方法，帮助读者理解、形成深刻记忆。二是简洁实用。直击问题原因，罗列标准的具体条款和规范要求，提出解决方案；通过图解现身说法，推动标准规范的落地应用。三是提高效益。撰写案例规避质量问题的再次发生，避免返工返修造成资源浪费；树牢质量第一的强烈意识，推动建设工程品质全面提升。

由于时间和水平有限，书中难免存在遗漏和不妥之处，诚请广大读者和专家雅正。本书存在的问题、对后续丛书的相关建议以及各专业质量问题图解可发送至邮箱 zgw@cacem.com.cn。

中国施工企业管理协会

2024 年 10 月

目 录

第 1 章 地基与基础

1.1 地基 // 2
1.2 基础 // 8
1.3 土方 // 11
1.4 防水工程 // 12

第 2 章 主体结构

2.1 混凝土结构 // 20
    2.1.1 模板 // 20
    2.1.2 钢筋 // 22
    2.1.3 混凝土 // 26
    2.1.4 预应力 // 32
    2.1.5 装配式结构 // 33
2.2 砌体结构 // 37
    2.2.1 填充墙砌体 // 37
    2.2.2 石砌体配筋砌体 // 47

2.3 钢结构 // 48
    2.3.1 钢结构临时措施及保护措施 // 48
    2.3.2 钢结构焊接 // 53
    2.3.3 紧固件连接 // 54
    2.3.4 钢结构防火 // 59
    2.3.5 压型金属板 // 61
    2.3.6 大跨度钢结构安装 // 65

第 3 章 建筑装饰装修

3.1 建筑地面 // 70
3.2 抹灰 // 78
3.3 外墙防水与节能 // 82
3.4 门窗 // 94
    3.4.1 门窗安装 // 94
    3.4.2 门窗节能 // 109
3.5 吊顶 // 115
3.6 轻质隔墙 // 127
3.7 饰面板（砖） // 135
3.8 幕墙 // 143
    3.8.1 幕墙安装 // 143
    3.8.2 幕墙节能 // 153
3.9 涂饰 // 160
3.10 裱糊与软包 // 165
3.11 细部 // 170

第 4 章 屋面

4.1 基层与保护　// 189
4.2 保温与隔热　// 192
4.3 防水与密封　// 195
4.4 瓦面与板面　// 200
4.5 细部构造　// 203
4.6 其他　// 226

第 5 章 建筑给水排水及采暖

5.1 室内给水系统　// 229
5.2 室内排水系统　// 237
5.3 卫生器具　// 239
5.4 室内供暖系统　// 240

第 6 章 通风与空调

6.1 送风系统　// 243
6.2 排风系统　// 246
6.3 防排烟系统　// 248

6.4 舒适性空调系统　　// 252

6.5 空调（冷、热水系统）　　// 254

6.6 多联机热泵空调系统　　// 262

第 7 章　建筑电气

7.1 变配电室　　// 264

7.2 供电干线　　// 266

7.3 电气动力　　// 274

7.4 电气照明　　// 276

7.5 备用和不间断电源　　// 291

7.6 防雷及接地　　// 293

第 8 章　智能系统

第 9 章　电梯

第1章

地基与基础

1.1 地基

1 灰土地基密实度不足

质量问题及原因分析

问题描述及原因分析：
1. 灰土地基密实度不足，不符合规范、设计图纸要求；
2. 灰土配合比不合理；
3. 未分层压实，压实机械选择不当，夯压遍数不足；
4. 灰土地基土料的施工含水量未控制在最优含水量；
5. 预留土体厚度不足，地基被扰动；
6. 不符合《建筑地基基础工程施工规范》GB 51004—2015 第 4.2.3 条规定。

规范标准要求

《建筑地基基础工程施工规范》GB 51004—2015 第 4.2.3 条规定：素土、灰土地基的施工方法，分层铺填厚度，每层压实遍数等宜通过试验确定，分层铺填厚度宜取 200mm～300mm，应随铺填随夯压密实。基底为软弱土层时，地基底部宜加强。

正确做法及防治措施

防治措施：
1. 严格控制挖土标高，严禁超挖后回填原状土；
2. 合理安排施工，严格按顺序挖土，尽量减少作业的往返次数，避免扰动；
3. 降水措施的设计要根据工程深度、土质状况，定出标准，保证降水效果；
4. 条件允许情况下可将扰动土翻松、晾晒、风干至最优含水量，再夯压密实或回填砂、石或 3∶7 的灰土。

2　注浆地基注浆料可灌性差

质量问题及原因分析

问题描述及原因分析：
1. 注浆地基注浆料可灌性差，注浆效果不显著；
2. 选择浆液或浆液配合比不合理；
3. 选择注浆压力和操作控制不当；
4. 不符合《建筑地基基础工程施工规范》GB 51004—2015 第 4.6.10 条、《建筑地基基础工程施工质量验收标准》GB 50202—2018 第 4.7.2 条规定。

规范标准要求

1.《建筑地基基础工程施工规范》GB 51004—2015 第 4.6.10 条规定：注浆过程中可采取调整浆液配合比、间歇式注浆、调整浆液的凝结时间、上口封闭等措施防止地面冒浆；
2.《建筑地基基础工程施工质量验收标准》GB 50202—2018 第 4.7.2 条规定：施工中应抽查浆液的配比及主要性能指标、注浆的顺序及注浆过程中的压力控制等。

正确做法及防治措施

防治措施：
1. 正式注浆前增大试注浆孔数，使之能正确客观反映现场实际情况；
2. 严格按照设计及规范要求确定浆液、浆液配合比及注浆压力；
3. 当出现局部注浆可灌性差的现象时，可局部增加注浆孔进行补救处理。

3 预压地基袋装砂井固结效果差

质量问题及原因分析

问题描述及原因分析：
1. 预压地基袋装砂井固结效果差，预压地基处理不到位；
2. 原材料砂的质量控制较差；
3. 砂袋成品保护较差，漏砂严重，灌制不密实；
4. 不符合《建筑地基处理技术规范》JGJ 79—2012 第 5.3.3 条规定。

规范标准要求

《建筑地基处理技术规范》JGJ 79—2012 第 5.3.3 条规定：灌入砂袋中的砂宜用干砂，并应灌制密实。

正确做法及防治措施

防治措施：
1. 严控砂的质量，砂应选择中、粗干砂；
2. 下垫砂层的厚度要保证均匀一致；
3. 根据土质情况，优先选择施工方便且对井周围的土扰动小的成孔方法；
4. 严格控制砂井及导管的深度。

4　砂石桩复合地基桩体密实度不够

质量问题及原因分析

问题描述及原因分析：
1. 砂石桩复合地基处理中桩体密实度不够，从而影响地基承载力；
2. 砂石粒径过大，级配不合理；
3. 桩管提升速度过快，砂石振密效果不佳；
4. 不符合《建筑地基基础工程施工规范》GB 51004—2015 第 4.14.6 条规定。

规范标准要求

《建筑地基基础工程施工规范》GB 51004—2015 第 4.14.6 条规定：砂石桩填料宜用天然级配中的中砂、粗砂。拔管宜在管内灌入砂料高度大于 1/3 管长后开始。拔管速度应均匀，不宜过快。

正确做法及防治措施

防治措施：
1. 施工过程中要严格控制砂石材料，宜用天然级配中的中砂、粗砂；
2. 拔管过程中加强桩管提升速度控制，避免速度过快；
3. 加强砂石桩成桩过程检验，确保施工质量。

5 水泥土搅拌桩搅拌不均匀

质量问题及原因分析

问题描述及原因分析：
1. 水泥土搅拌桩操作工艺不当，搅拌不均匀；
2. 搅拌机械、注浆机械中途发生故障，造成注浆不连续，供水不均匀，使软黏土被扰动，无水泥浆拌合；
3. 搅拌机械提升与下沉速度不均匀；
4. 不符合《建筑地基处理技术规范》JGJ 79—2012 第 7.3.5 规定。

规范标准要求

《建筑地基处理技术规范》JGJ 79—2012 第 7.3.5 条中关于水泥土搅拌桩施工搅拌均匀性和提升（下沉）速度的相关规定。

正确做法及防治措施

防治措施：
1. 施工前应对搅拌机械、注浆设备、制浆设备进行检测维修，确保其处于正确位置；
2. 增加拌合次数，保证拌合均匀，不使浆液沉淀；
3. 提高搅拌转数、降低钻进速度，边搅拌，边提升，提高拌合均匀性；
4. 注浆设备要完好，单位时间内注浆量要相等；
5. 拌制固化剂时不得任意加水，以防改变水灰比，降低拌合强度。

6 水泥粉煤灰碎石桩夹泥

质量问题及原因分析

问题描述及原因分析:
1. 水泥粉煤灰碎石桩夹泥,影响桩基强度及桩身完整性;
2. 在饱和淤泥层中施工时,拔管速度过快或桩身材料中粗骨料粒径过大、坍落度过小;
3. 拔管时桩身材料尚未流出,钻头没有埋入混凝土,周围土体即涌入桩身,造成夹泥;
4. 不符合《建筑地基基础工程施工规范》GB 51004—2015 第 4.12.1 和第 4.12.2 条规定。

规范标准要求

《建筑地基基础工程施工规范》GB 51004—2015 第 4.12.1 和第 4.12.2 条关于水泥粉煤灰碎石桩混合料配合比、坍落度以及拔管速度控制的相关规定。

正确做法及防治措施

防治措施:
1. 做好桩身混合料配合比设计,控制坍落度;
2. 施工过程应掌握提拔钻杆时间,混合料泵送量应与拔管速度相配合,严格控制成桩速度;
3. 拔管应在钻杆芯管充满混合料后开始,严禁先拔管后泵料,拔管速度匀速控制。

1.2 基础

1 预制管桩桩头碎裂

质量问题及原因分析

问题描述及原因分析：
1. 勘探点不够或勘探资料粗略，对工程地质情况不明，致使设计考虑持力层或选择桩顶标高有误；
2. 柱基群桩布桩过密，互相挤实，致使桩不能继续打入，导致桩顶打碎或桩身打断；
3. 桩位倾斜，沉桩撞击受力偏心，沉桩过程桩顶未加设缓冲垫等措施；
4. 不符合《建筑地基基础工程施工质量验收标准》GB 50202—2018 第 5.5.3 条、第 5.5.4 条规定。

规范标准要求

《建筑地基基础工程施工质量验收标准》GB 50202—2018 第 5.5.3 条、第 5.5.4 条规定：施工结束后应对承载力及桩身完整性进行检验，钢筋混凝土预制桩质量检验标准应符合表 5.5.4-1、表 5.5.4-2 的规定。

正确做法及防治措施

防治措施：
1. 应详细进行地质勘探，根据勘探结果设计合理的桩顶标高；
2. 合理进行群桩布置，应对桩长和桩间距布置设计进行综合考虑；
3. 沉桩时稳桩要垂直，防止桩位倾斜，桩顶应加草帘、纸袋、胶皮等缓冲垫。

2　灌注桩钢筋笼上浮

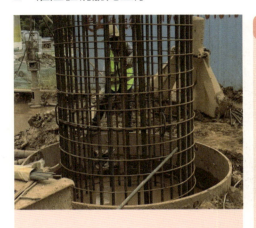

质量问题及原因分析

问题描述及原因分析：
1. 混凝土灌注过快，容易造成浮笼；
2. 导管接头处距离钢筋笼比较近，拔出时与钢筋笼刮擦，拔管速度过快；
3. 钢筋笼顶部未采取防止上浮的固定措施；
4. 不符合《建筑桩基技术规范》JGJ 94—2008 中第 6.2.5 条规定。

 规范标准要求

《建筑桩基技术规范》JGJ 94—2008 中第 6.2.5 条第 4 款的相关规定：导管接头处外径应比钢筋笼的内径小 100mm 以上。

正确做法及防治措施

防治措施：
1. 控制混凝土灌注速度，以控制混凝土上返的速度，减小混凝土对其上浮作用；
2. 安装导管与钢筋笼间距在 100mm 以上，同时控制导管拔出的速度，一旦发现有导管刮擦钢筋笼，立即停止拔管；
3. 钢筋笼顶部采取固定措施，防止上浮。

3 灌注桩桩位偏差过大

质量问题及原因分析

问题描述及原因分析：
1. 灌注桩桩位偏差超过规范允许偏差；
2. 机械钻孔定位不准确；
3. 灌注桩施工顺序不合理，邻桩施工造成桩位挤压偏位；
4. 钢筋笼安装存在偏移；
5. 不符合《建筑地基基础工程施工质量验收标准》GB 50202—2018 第 5.1.4 条规定。

规范标准要求

《建筑地基基础工程施工质量验收标准》GB 50202—2018 第 5.1.4 条表 5.1.4 相关规定：泥浆护壁钻孔桩 $D < 1000mm$ 时，允许偏差 $\leq 70+0.01H$；$D \geq 1000mm$ 时，允许偏差 $\leq 100+0.01H$。

正确做法及防治措施

防治措施：
1. 钻孔前对桩位进行测量放线校核，确保钻孔定位准确；
2. 根据工程水文地质条件和施工部署选用合理的打桩顺序；
3. 安装钢筋笼时要有定位装置和固定措施。

1.3 土方

回填土未分层或分层厚度大、碾压不密实

质量问题及原因分析

问题描述及原因分析：
1. 未分层或分层厚度过大，未按照标准要求进行施工；
2. 土体压实系数不合格，后期存在沉降塌陷隐患；
3. 重叠区域未有效压实，回填表面不平整；
4. 不符合《建筑地基基础工程施工质量验收标准》GB 50202—2018 第 9.5.2 条规定。

规范标准要求

《建筑地基基础工程施工质量验收标准》GB 50202—2018 第 9.5.2 条规定：施工中应检查排水系统，每层填筑厚度、辗迹重叠程度、含水量控制、回填土有机质含量、压实系数等。回填施工的压实系数应满足设计要求。当采用分层回填时，应在下层的压实系数经试验合格后进行上层施工。填筑厚度及压实遍数应根据土质、压实系数及压实机具确定。

正确做法及防治措施

防治措施：
1. 回填前先清除基底上垃圾、草皮、树根，排除坑穴中积水、淤泥和杂物；
2. 根据回填方式严格控制分层回填厚度；
3. 选择合理压实机具和压实方法，逐层检测压实系数，尤其重视重叠区域压实质量。

1.4 防水工程

1 地下室外墙模板加固未使用止水螺栓

质量问题及原因分析

问题描述及原因分析：
1. 地下室外墙用于固定模板使用的螺栓缺少止水环，存在渗漏水隐患；
2. 不符合《地下工程防水技术规范》GB 50108—2008 第 4.1.28 条规定。

规范标准要求

《地下工程防水技术规范》GB 50108—2008 第 4.1.28 条规定：防水混凝土结构内部设置的各种钢筋或绑扎铁丝，不得接触模板。用于固定模板的螺栓必须穿过混凝土结构时，可采用工具式螺栓或螺栓加堵头，螺栓上应加焊止水环。

正确做法及防治措施

防治措施：
1. 地下结构外墙严格按规范要求使用止水螺栓；
2. 对现场止水螺杆与普通螺杆分类堆放，及时对作业人员交底；
3. 严格落实隐蔽验收制度，对止水螺栓等关键节点进行隐蔽验收。

2 地下室混凝土外墙裂缝渗漏

质量问题及原因分析

问题描述及原因分析：
1. 地下室混凝土外墙出现裂缝引起渗漏；
2. 混凝土原材料及配合比不当：混凝土中粗细骨料的含泥量过大；混凝土坍落度偏大、净浆偏多；
3. 混凝土浇筑振捣不密实，混凝土振捣不当造成骨料和浆体结合不均匀；
4. 混凝土浇筑完成后，未及时对混凝土表面覆盖、养护，造成混凝土表面失水、开裂；
5. 不符合《地下防水工程质量验收规范》GB 50208—2011 第 4.1.18 条、《混凝土结构通用规范》GB 55008—2021 第 5.4.3 条、《建筑与市政工程防水通用规范》GB 55030—2022 第 3.2.2 条规定。

规范标准要求

1. 《地下防水工程质量验收规范》GB 50208—2011 第 4.1.18 条规定：防水混凝土结构表面的裂缝宽度不应大于 0.2mm，且不得贯通。
2. 《混凝土结构通用规范》GB 55008—2021 第 5.4.3 条规定：结构混凝土浇筑应密实，浇筑后应及时进行养护。
3. 《建筑与市政工程防水通用规范》GB 55030—2022 第 3.2.2 条规定：防水混凝土应采取减少开裂的技术措施。

正确做法及防治措施

防治措施：
1. 做好配合比优化设计，控制砂、石、水泥等原材料用量；混凝土浇筑前检测坍落度；
2. 加强混凝土浇筑振捣控制，浇筑时振动棒插点布设要均匀，振捣过程应快插慢拔，使得上、下层振捣均匀，避免出现施工冷缝；
3. 混凝土浇筑完成后，及时对混凝土表面覆膜养护。

3 底板后浇带处渗漏

质量问题及原因分析

问题描述及原因分析：
1. 后浇带施工缝部位出现渗（漏）水现象；
2. 后浇带浇筑前未将杂物清理干净，造成混凝土接槎不严，导致底板渗水；
3. 止水钢板表面浮浆未清理干净；
4. 不符合《建筑与市政工程防水通用规范》GB 55030—2022 第 5.1.6 条规定。

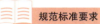

规范标准要求

《建筑与市政工程防水通用规范》GB 55030—2022 第 5.1.6 条规定：防水混凝土施工应符合下列规定：后浇带部位的混凝土施工前，交界面应做糙面处理，并应清除积水和杂物。

正确做法及防治措施

防治措施：
1. 施工缝浇筑混凝土前，应将止水钢板、钢筋表面浮浆和后浇带内杂物清除干净；
2. 后浇带浇筑前须对两侧新旧混凝土交接处打凿，打凿深度应为 25mm 以上；
3. 铺设净浆或涂刷混凝土界面处理剂、水泥基渗透结晶型防水涂料等材料，及时浇筑微膨胀混凝土。

4 桩头处渗漏

质量问题及原因分析

问题描述及原因分析：
1. 桩头部位出现渗漏水问题；
2. 桩头未按要求修补到位，已开展防水层施工；
3. 桩头周围水泥基渗透结晶涂刷不到位；
4. 底板防水与桩头接槎处未密封；
5. 桩头钢筋未配备止水条或止水圈；
6. 不符合《地下防水工程质量验收规范》GB 50208—2011 第 5.7.1 条～5.7.3 条规定。

 规范标准要求

《地下防水工程质量验收规范》GB 50208—2011 第 5.7.1 条规定：桩头用聚合物水泥防水砂浆、水泥基渗透结晶型防水涂料、遇水膨胀止水条或止水胶和密封材料必须符合设计要求；第 5.7.2 条规定：桩头防水构造必须符合设计要求；第 5.7.3 条规定：桩头混凝土应密实，如发现渗漏水应及时采取封堵措施。

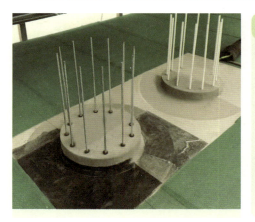

正确做法及防治措施

防治措施：
1. 桩头顶面和侧面裸露处应涂刷水泥基渗透结晶型防水涂料，并延伸到结构底板垫层 150mm 处；桩头四周 300mm 范围内应抹聚合物水泥砂浆过渡层；
2. 结构底板防水层与桩头侧壁接缝处应采用密封材料嵌填密实、连续、饱满、牢固；
3. 桩头钢筋配备止水条或止水圈。

5　地下室热熔型防水卷材翘边、褶皱及空鼓

质量问题及原因分析

问题描述及原因分析：
1. 防水卷材存在翘边、褶皱和空鼓现象；
2. 基层不够干燥且未处理干净；
3. 施工工艺操作不当，局部空气未排空；
4. 卷材边缘热熔不到位，结合不紧密；
5. 不符合《地下防水工程质量验收规范》GB 50208—2011 第 4.3.17 条、《建筑与市政工程防水通用规范》GB 55030—2022 第 5.1.8 条规定。

规范标准要求

1.《地下防水工程质量验收规范》GB 50208—2011 第 4.3.17 条规定：卷材防水层的搭接缝应粘贴或焊接牢固，密封严密，不得有扭曲、褶皱、翘边和起泡等缺陷。
2.《建筑与市政工程防水通用规范》GB 55030—2022 第 5.1.8 条规定：卷材铺贴应平整顺直，不应有起鼓、张口、翘边等现象。

正确做法及防治措施

防治措施：
1. 基层处理到位，火焰加热器加热卷材应均匀，不得加热不足或烧穿卷材；
2. 卷材表面热熔后应立即滚铺，排除卷材下面的空气，并粘贴牢固；
3. 铺贴卷材应平整、顺直，搭接尺寸准确，不得扭曲、褶皱；
4. 卷材接缝部位应溢出热熔的改性沥青胶料，并粘贴牢固，封闭严密。

6 止水钢板焊接不到位

质量问题及原因分析

问题描述及原因分析：
1. 止水钢板搭接部位焊接存在遗漏；
2. 转角部位止水钢构造不规范；
3. 电焊机电流过大，造成止水钢板焊接损伤；
4. 不符合《地下防水工程质量验收规范》GB 50208—2011 第4.6.3 条规定。

规范标准要求

《地下防水工程质量验收规范》GB 50208—2011 第 4.6.3 条规定：金属板的拼接及金属板与建筑结构的锚固件连接应采用焊接。金属板的拼接焊缝应进行外观检查和无损检验。

正确做法及防治措施

防治措施：
1. 止水钢板搭接焊接，搭接长度不小于 2cm，搭接焊必须采用四面围焊；
2. 作业前进行试焊，调整合适的电流，保证焊缝饱满、顺滑，无漏焊、无孔眼等缺陷；
3. 转角部位处采用成品转角止水钢板。

7 地下车库出入口防水未设置明沟排水

质量问题及原因分析

问题描述及原因分析：
1. 汽车出入口未设置明沟排水，室外地面雨水容易倒灌至地下室；
2. 设计做法不合理，或者施工存在遗漏问题；
3. 不符合《车库建筑设计规范》JGJ 100—2015 第 4.4.1 条、《地下防水工程质量验收规范》GB 50208—2011 第 5.8.3 条规定。

 规范标准要求

1.《车库建筑设计规范》JGJ 100—2015 第 4.4.1 条规定：对于有防雨要求的出入口和坡道处，应设置不小于出入口和坡道宽度的截水沟和耐轮压沟盖板以及闭合的挡水槛。出入口地面的坡道外端应设置防水反坡。
2.《地下防水工程质量验收规范》GB 50208—2011 第 5.8.3 条规定：人员出入口高出地面不应小于 500mm，汽车出入口设置明沟排水时，其高出地面宜为 150mm，并应采取防雨措施。

正确做法及防治措施

防治措施：
1. 施工前，应进行详细的图纸会审，提早发现设计图纸中存在的漏洞，应完善设计做法；
2. 设计规范与施工规范相结合，在使用功能要求方面必须满足上述规范规定的截水做法和排水做法。

第 2 章

主体结构

2.1 混凝土结构

2.1.1 模板

1 高大模板支架立杆顶部可调托座伸出长度过大

质量问题及原因分析

问题描述及原因分析：
1. 扣件式模板架体可调托座伸出顶层水平杆的悬臂长度大于500mm，或伸出钢管的长度大于300mm；
2. 施工前没有认真熟悉设计图纸，提料尺寸有误；
3. 操作人员及专检人员交底不清或责任心不强；
4. 不符合《混凝土结构工程施工规范》GB 50666—2011 第 4.4.8 条第 1 款要求。

规范标准要求

《混凝土结构工程施工规范》GB 50666—2011 第 4.4.8 规定：采用扣件式钢管作高大模板支架时，支架搭设除应符合本规范第 4.4.7 条的规定外，尚应符合下列规定：宜在支架立杆顶端插入可调托座，可调托座螺杆外径不应小于36mm，螺杆插入钢管的长度不应小于150mm，螺杆伸出钢管的长度不应大于300mm，可调托座伸出顶层水平杆的悬臂长度不应大于500mm。

正确做法及防治措施

防治措施：
1. 作业前对作业层骨干、木工班组长、专检人员及工人进行模板架体搭设书面交底。交底内容应包括：不同层高部位的立杆长度选择、顶层水平杆的搭设高度、可调托座插入钢管的长度及伸出钢管的长度等具体数值。
2. 施工过程中技术人员指导工人按规范要求设置。
3. 作业层骨干、班组长、专检人员要随时检查架体是否按规范搭设。

2　后浇带处模板及支架未单独设置

质量问题及原因分析

问题描述及原因分析：
1. 后浇带处模板及支架未独立设置；
2. 方案中未体现后浇带处模板及支架的细部节点做法；
3. 施工过程未按方案及交底施工，施工随意；
4. 过程检查、完工验收不认真，检查验收点未全覆盖；
5. 不符合《混凝土结构工程施工规范》GB 50666—2011 第 4.4.16 条、《混凝土结构工程施工质量验收规范》GB 50204—2015 第 4.2.3 条规定。

规范标准要求

1.《混凝土结构工程施工规范》GB 50666—2011 第 4.4.16 条规定：后浇带的模板及支架应独立设置。
2.《混凝土结构工程施工质量验收规范》GB 50204—2015 第 4.2.3 条规定：后浇带处的模板及支架应独立设置。

正确做法及防治措施

防治措施：
1. 后浇带的模板及支撑体系应单独设置，涂刷醒目油漆，悬挂警示标识提醒作业人员不得随意拆除，严禁拆除后回顶；
2. 后浇带两侧的梁板模板及架体需留设两跨，模板、主次龙骨及支模架均在此处断开；
3. 施工方案应有后浇带处模板及支架的细部节点做法；
4. 严格按照规范进行过程管控及完工验收，检查验收点必须全覆盖。

2.1.2 钢筋

1 钢筋偏位

质量问题及原因分析

问题描述及原因分析：
1. 模板固定不牢，在施工过程中发生碰撞致使钢筋发生错位；
2. 箍筋制作有误差，或绑扎不牢固造成钢筋骨架发生变形；
3. 纵横梁柱节点处钢筋密度大、摆放困难，致使墙柱钢筋错位，上下交叉叠加；
4. 浇筑混凝土时触动钢筋，没有及时恢复或无法恢复；
5. 不符合《混凝土结构工程施工质量验收规范》GB 50204—2015 第 5.5.3 条规定。

规范标准要求

《混凝土结构工程施工质量验收规范》GB 50204—2015 第 5.5.3 条规定：钢筋安装偏差及检验方法应符合表 5.5.3 的规定：（绑扎钢筋网长、宽允许偏差 ±10mm，网眼尺寸偏差 ±20mm。绑扎钢筋骨架长度允许偏差 ±10mm，宽、高允许偏差 ±5mm。纵向受力钢筋锚固长度允许偏差 -20mm，间距允许偏差 ±10mm，排距允许偏差 ±5mm。）受力钢筋保护层厚度的合格点率应达到 90% 及以上，且不得有超过表中数值 1.5 倍的尺寸偏差。

正确做法及防治措施

防治措施：
1. 在外伸部分加一道临时箍筋，按图样位置安好，然后用样板固定好，浇捣混凝土前再检查一遍。如发生移位则应校正复位后再浇捣混凝土。
2. 注意浇捣操作，尽量不碰撞钢筋，浇捣过程中由专人随时检查及时校正。
3. 浇筑混凝土前在板面或梁上用油漆标出柱、墙的插筋位置，然后电焊定位箍固定。

2 梁柱复合箍筋中单肢箍弯钩未弯折135°

质量问题及原因分析

问题描述及原因分析：
1. 梁柱内复合箍筋中的单肢箍筋弯钩的弯折角度为90°，不能有效箍住受力筋；
2. 单肢箍制作时一端135°，一端90°，方便安装，安装完成后未二次弯折；
3. 不符合《混凝土结构工程施工质量验收规范》GB 50204—2015 第5.3.3条规定。

规范标准要求

《混凝土结构工程施工质量验收规范》GB 50204—2015 第5.3.3条规定：箍筋、拉筋的末端应按设计要求做弯钩，并应符合下列规定：梁、柱复合箍筋中的单肢箍筋两端弯钩的弯折角度均不应小于135°。

正确做法及防治措施

防治措施：
单肢箍制作时一端135°，一端90°，安装完成后应使用专用工具二次弯折为135°。

3　直螺纹机械连接接头未拧紧，外露丝扣较长

质量问题及原因分析

问题描述及原因分析：
1. 直螺纹机械连接接头未拧紧，外露丝扣较长；
2. 施工时工人未按规范要求用管钳扳手拧紧，作业层骨干人员、专检人员未及时发现外露丝扣较长问题；
3. 不符合《钢筋机械连接技术规程》JGJ 107—2016 第 6.3.1 条要求。

规范标准要求

《钢筋机械连接技术规程》JGJ 107—2016 第 6.3.1 条规定：安装接头时可用管钳扳手拧紧，钢筋丝头应在套筒中央位置相互顶紧，标准型、正反丝型、异径型接头安装后的单侧外露螺纹不宜超过 $2p$；对无法对顶的其他直螺纹接头，应附加锁紧螺母、顶紧凸台等措施紧固。

正确做法及防治措施

防治措施：
1. 钢筋丝头按规范要求加工，钢筋丝头长度应满足产品设计要求，极限偏差应为 $0\sim2.0p$；
2. 作业前对工人进行书面详细交底并签字归档，作业过程中作业层骨干、专检人员随时监督检查发现问题及时要求工人按规施工；
3. 钢筋丝口制作端头切平打磨；
4. 对丝头采用通止规进行检测；
5. 套筒连接使用扭矩扳手拧紧；
6. 做好丝头成品保护。

4　钢筋接头在同一连接区段内不符合规范要求

质量问题及原因分析

问题描述及原因分析：
1. 钢筋安装过程中排列错误，未按照规范要求设置接头；
2. 钢筋接头在同一连接区段内，不符合《混凝土结构工程施工质量验收规范》GB 50204—2015 第 5.4.6 规定。

规范标准要求

《混凝土结构工程施工质量验收规范》GB 50204—2015 第 5.4.6 条规定：当纵向受力钢筋采用机械连接接头或焊接接头时，同一连接区内纵向受力钢筋的接头面积百分率应符合设计要求；当设计无具体要求时，应符合下列规定：
1. 受拉接头，不宜大于 50%；受压接头，可不受限制；
2. 直接承受动力荷载的结构构件中，不宜采用焊接；当采用机械连接时，不应超过 50%。

正确做法及防治措施

防治措施：
1. 制作下料时应考虑接头区长度及接头位置；
2. 配料时按下料单进行钢筋编号。

2.1.3 混凝土

1 混凝土梁柱节点不同强度等级混凝土未按要求施工

质量问题及原因分析

问题描述及原因分析：
1. 不同强度等级混凝土混用；
2. 节点拦截措施不到位；
3. 混凝土浇筑顺序不正确；
4. 不符合《混凝土结构工程施工规范》GB 50666—2011 第 8.3.8 条规定。

 规范标准要求

《混凝土结构工程施工规范》GB 50666—2011 第 8.3.8 条规定：柱、墙混凝土设计强度等级高于梁、板混凝土设计强度等级时，混凝土浇筑应符合下列规定：2. 柱、墙混凝土设计强度比梁、板混凝土设计强度高两个等级及以上时，应在交界区域采取分隔措施。分隔位置应在低强度等级的构件中，且距高强度等级构件边线不应小于 500mm。3. 宜先浇筑高强度等级混凝土，后浇筑低强度等级混凝土。

正确做法及防治措施

防治措施：
1. 在梁柱节点处设置隔离措施，如使用密目铁丝网或气囊等，以防止不同强度等级的混凝土混合；
2. 采用分层浇筑的方法，先浇筑高强度等级的混凝土，待其初凝后再浇筑低强度等级的混凝土。严格控制混凝土的浇筑时间及浇筑顺序。

2 混凝土润管砂浆浇筑到结构主体内

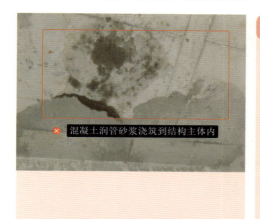

质量问题及原因分析

问题描述及原因分析：
1. 混凝土润管砂浆浇筑到结构主体内；
2. 技术交底混凝土浇筑质量标准及控制措施要求不明确；
3. 施工过程未按方案及交底施工；
4. 过程检查、完工验收不认真，检查验收点未全覆盖；
5. 未设置专用回收装置；
6. 不符合《混凝土结构工程施工规范》GB 50666—2011 第 8.3.9 条第 3 款要求。

 规范标准要求

《混凝土结构工程施工规范》GB 50666—2011 第 8.3.9 条第 3 款规定：润滑输送管的水泥砂浆用于湿润结构施工缝时，水泥砂浆应与混凝土浆液同成份；接浆厚度不应大于 30mm，多余水泥砂浆应收集后运出。

正确做法及防治措施

防治措施：
1. 在混凝土专项施工方案中必须明确润管用浆液的运输方式、具体种类、回收处理方式，润滑用浆料泵出后应妥善回收，严禁作为结构混凝土使用；
2. 润管砂浆处置可采用废料回收系统或料斗吊运处置。

3 混凝土同条件试块未放置相应部位

质量问题及原因分析

问题描述及原因分析：
1. 混凝土同条件试块未放置在靠近相应结构部位的适当位置；
2. 不符合《混凝土结构工程施工规范》GB 50666—2011 第 8.5.9 条。

规范标准要求

《混凝土结构工程施工规范》GB 50666—2011 第 8.5.9 条规定：同条件养护试件的养护条件应与实体结构部位养护条件相同，并应采取措施妥善保管。

正确做法及防治措施

防治措施：
1. 加强技术交底，严格过程管控；
2. 混凝土同条件养护试块应置于专门焊制的钢筋笼内，并置于相应结构实体部位进行同条件养护，钢筋笼应具有锁止装置。

4 楼梯施工缝留设位置不符合要求

楼梯施工缝设置位置不符合要求

质量问题及原因分析

问题描述及原因分析：

1. 楼梯施工缝留设位置不符合要求；
2. 施工方案未明确楼梯施工缝细部节点；
3. 技术交底中楼梯施工缝留置位置及质量标准不明确；
4. 过程检查、完工验收不认真，检查验收点未全覆盖；
5. 不符合《混凝土结构工程施工规范》GB 50666—2011 第 8.6.3 条 3 款规定要求。

规范标准要求

《混凝土结构工程施工规范》GB 50666—2011 第 8.6.3 条规定：垂直施工缝和后浇带的留设位置应符合下列规定：3. 楼梯梯段施工缝宜设置在梯段板跨度端部的 1/3 范围内。

正确做法及防治措施

防治措施：

1. 技术交底应明确楼梯施工缝留置位置及质量标准；可以采用梳子板等施工工具进行施工缝拦截，确保施工缝位置准确、垂直；
2. 施工过程必须严格按照方案及交底进行施工；
3. 严格按照规范进行过程管控及完工验收，检查验收点必须全覆盖；
4. 施工缝凿毛及卫生清理应到位。

5 穿墙螺杆洞封堵不严密

质量问题及原因分析

问题描述及原因分析：
1. 部分外墙防水砂浆螺杆洞未封堵、螺杆洞封堵有遗漏、螺杆洞封堵不密实现象；
2. 技术交底中对封堵工艺描述不详细；
3. 操作人员封堵较随意；
4. 不符合《建筑外墙防水工程技术规程》JGJ/T 235—2011 第 6.2.1 条规定。

规范标准要求

《建筑外墙防水工程技术规程》JGJ/T 235—2011 第 6.2.1 条规定：外墙结构表面的油污、浮浆应清除，孔洞、缝隙应堵塞抹平；不同结构材料交接处的增强处理材料应固定牢固。

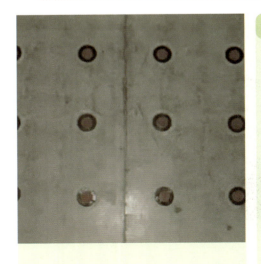

正确做法及防治措施

防治措施：
1. 封堵前应剔除塑料垫块或 PVC 管，剔除后扩孔，扩孔尺寸为：直径不小于 30mm、深度不小于 20mm；
2. 清理孔内杂物，周边浇水湿润；
3. 孔中间施打发泡胶，内外侧孔口预留 20~30mm 采用聚合物砂浆填塞封堵，并与结构墙面抹平；
4. 封堵孔口的外侧宜涂刷 1.5mm 厚 JS 防水涂料，涂刷范围以孔中心直径 100mm 圆形或边长为 100mm×100mm 矩形。

6 卫生间降板施工高度不一致

质量问题及原因分析

问题描述及原因分析：
1. 卫生间降板结构外观质量较差、尺寸偏差较大；
2. 定位放线不准确，无标高控制措施；降板处固定措施不到位，发生位移；
3. 不符合《混凝土结构工程施工质量验收规范》GB 50204—2015 第 8.3.1 条规范要求。

 规范标准要求

《混凝土结构工程施工质量验收规范》GB 50204—2015 第 8.3.1 条规定：现浇结构不应有影响结构性能或使用功能的尺寸偏差。

正确做法及防治措施

防治措施：
1. 卫生间、阳台等降板部位吊模宜采用钢模，确保混凝土成型美观；吊模及翻边拆模应在混凝土浇捣完成 24h 以后，拆模时需小心谨慎，避免对混凝土造成破坏；
2. 卫生间、阳台等降板部位吊模若采用木模，应使用新方木，不得随意接头，以确保混凝土成型美观；
3. 混凝土浇筑前，对标高进行复测，有误差及时进行调整。

2.1.4 预应力

预应力管道定位措施不到位、局部上浮或偏移

仅有水平筋,无抗浮措施

质量问题及原因分析

问题描述及原因分析:
1. 施工方案中抗浮措施不清;
2. 作为抗浮措施使用的定位钢筋直径较小或间距过大;
3. 不符合《混凝土结构工程施工规范》GB 50666—2011 第 6.3.7 条规定。

规范标准要求

《混凝土结构工程施工规范》GB 50666—2011 第 6.3.7 条规定:
预应力筋或成孔管道的定位应符合下列规定:1. 预应力筋或成孔管道应与定位钢筋绑扎牢固,定位钢筋直径不宜小于10mm,间距不宜大于1.2m;3. 预应力筋或成孔管道竖向位置偏差应符合:构件截面高(厚)度 $h \leq 300mm$ 时允许偏差 ±5mm;$300mm < h \leq 1500mm$ 时允许偏差 ±10mm;$h > 1500mm$ 时允许偏差 ±15mm。

正确做法及防治措施

防治措施:
1. 施工方案中应明确抗浮措施;
2. 预应力筋或成孔管道应平顺,并与定位钢筋绑扎牢固;
3. 扁形波纹管、塑料波纹管或线形曲率较大处的管道,定位钢筋间距宜适当缩小;
4. 严格按照规范进行过程管控及完工验收,检查验收点必须全覆盖。

2.1.5 装配式结构

1 预制楼梯未设置栏杆安装预留孔

质量问题及原因分析

问题描述及原因分析：
1. 预制楼梯未设置栏杆安装预留孔；
2. 不符合《装配式混凝土结构技术规程》JGJ 1—2014 第 5.1.3 条、第 5.4.2 条规定。

规范标准要求

《装配式混凝土结构技术规程》JGJ 1—2014 第 5.1.3 条规定：建筑的围护结构以及楼梯、阳台、隔墙、空调板、管道井等配套构件、室内装修材料宜采用工业化、标准化产品。第 5.4.2 条规定：建筑的部件之间、部件与设备之间的连接应采用标准化接口。

正确做法及防治措施

防治措施：
1. 构件深化加工时，应与意向厂家商定预留孔或预埋件的位置及个数；
2. 经检查合格的构件方可进场。

2 叠合板厨卫间套管预留洞浇筑封堵不密实

质量问题及原因分析

问题描述及原因分析：
1. 装配式前期未对管线处预埋进行优化、施工中定位不准确；
2. 厨卫间叠合板套管预留定位不准、叠合板被切割开洞，不符合《装配式混凝土结构技术规程》JGJ 1—2014 第 12.1.2 条 7 款、第 12.1.7 条规定。

规范标准要求

《装配式混凝土结构技术规程》JGJ 1—2014 第 12.1.2 条规定：装配式结构的后浇混凝土部位在浇筑前应进行隐蔽工程验收。验收项目应包括下列内容：7）预留管线、线盒等的规格、数量、位置及固定措施。第 12.1.7 条规定：未经设计允许不得对预制构件进行切割、开洞。

正确做法及防治措施

防治措施：
1. 装配式前期设计应对管线处预埋进行优化；
2. 工厂集中加工时应安排专人驻场对加工质量及预埋位置进行旁站监督。

3 预制楼梯端头板预留尺寸不准确

❌ 预制楼梯端头板尺寸预留不正确

质量问题及原因分析

问题描述及原因分析：
1. 技术交底不到位、质量标准及要求不明确；
2. 施工过程中未进行尺寸校核；
3. 浇筑过程中缺乏旁站监督；
4. 不符合《装配式混凝土结构技术规程》JGJ 1—2014 第 12.3.10 条规定。

 规范标准要求

《装配式混凝土结构技术规程》JGJ 1—2014 第 12.3.10 条规定：安装预制受弯构件时，端部的搁置长度应符合设计要求，端部与支承构件之间应坐浆或设置支承垫块，坐浆或支承垫块厚度不宜大于 20mm。

正确做法及防治措施

防治措施：
1. 楼梯深化图保证尺寸准确，数据标注齐全，可采用 BIM 模型辅助。
2. 做好钢筋翻样工作，确保节点钢筋绑扎准确。模板加固后，做好尺寸、标高复核工作。
3. 模板安装时，做好预埋螺栓定位措施和成品保护，防止螺栓偏位和污染。
4. 混凝土浇筑时，避免直接触碰凹槽模板。
5. 吊装时，楼梯板吊装至作业面上 500mm 处略作停顿，调整位置，就位时严禁猛放，以免造成楼梯板震折损坏。

4 装配式结构管线遗漏、与现场预留不符

质量问题及原因分析

问题描述及原因分析：
1. 构件加工过程中预埋管件遗漏；
2. 管线安装未按图施工；
3. 不符合《混凝土结构工程施工质量验收规范》GB 50204—2015 第 9.2.4 条规定。

 规范标准要求

《混凝土结构工程施工质量验收规范》GB 50204—2015 第 9.2.4 条规定：预制构件上的预埋件、预留插筋、预埋管线等的规格和数量以及预留孔、预留洞的数量应符合设计要求。

正确做法及防治措施

防治措施：
1. 加强管理，预埋管线必须按图施工，不得遗漏；
2. 在浇筑混凝土前加强检查。

2.2 砌体结构

2.2.1 填充墙砌体

1 拉结筋缺失或深入构造柱长度不足

质量问题及原因分析

问题描述及原因分析：
1. 填充墙拉结筋缺失、间距过大；
2. 拉结筋、腰梁钢筋深入构造柱长度不足；
3. 不符合《砌体结构通用规范》GB 55007—2021 第 5.1.9 条、《砌体结构工程施工质量验收规范》GB 50203—2011 第 8.2.3 条中规定。

规范标准要求

1.《砌体结构通用规范》GB 55007—2021 第 5.1.9 条规定：砌体与构造柱的连接处以及砌体抗震墙与框架柱的连接处均应采用先砌墙后浇柱的施工顺序，并应按要求设置拉结钢筋。
2.《砌体结构工程施工质量验收规范》GB 50203—2011 第 8.2.3 条规定：预留拉结筋的规格、尺寸、数量及位置应正确，拉结钢筋应沿墙高每隔 500mm 设 $2\phi6$。

正确做法及防治措施

防治措施：
1. 对工人进行交底，按要求设置砌体墙与主体结构的拉结钢筋；
2. 墙体内拉结筋连接采用绑扎搭接连接时，搭接长度不小于 $55d$ 且不小于 400mm；
3. 现场按深入构造柱钢筋边尺寸进行钢筋下料；对拉结筋间距及长度进行复核验收。

2 构造柱纵向钢筋搭接长度不足、箍筋间距不符合要求

质量问题及原因分析

问题描述及原因分析:
1. 构造柱钢筋预留长度过短造成钢筋搭接长度不足,构造柱纵向钢筋搭接长度范围内箍筋间距不正确;
2. 构造柱预留钢筋定位不准确,位置偏差较大;
3. 不符合《砌体结构工程施工规范》GB 50209—2014 第 10.1.10 条、《砌体结构工程施工质量验收规范》GB 50203—2011 第 8.2.4 条规定。

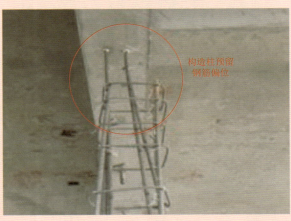

第2章 主体结构

> **规范标准要求**
>
> 1.《砌体结构工程施工规范》GB 50209—2014 第 10.1.10 条规定:抗震设防地区的填充墙应按设计要求设置构造柱;
> 2.《砌体结构工程施工质量验收规范》GB 50203—2011 第 8.2.4 条规定:砌体中受力钢筋的连接方式及锚固长度、搭接长度应符合设计要求。

正确做法及防治措施

防治措施:
1. 构造柱竖向钢筋可采用在一次结构施工中预留,也可采取后锚固进行可靠连接。(采用化学植筋连接方式时,应进行实体检测:锚固钢筋拉拔试验的轴向受拉非破坏承载力检验值应为 6.0kN。抽检钢筋在检验值作用下应基材无裂缝、钢筋无滑移宏观裂损现象;持荷 2min 期间荷载值降低不大于 5%)。
2. 构造柱竖向钢筋锚固点应与下部位置一致,不超出规范允许范围。
3. 构造柱纵向钢筋采用绑扎搭接时,全部纵筋可在同一连接区段搭接,搭接长度为 $50d$,填充墙构造柱纵向钢筋搭接长度范围内的箍筋间距不大于 $200mm$,且不少于 4 根箍筋。
4. 作业前及时对工人进行砌体结构施工方案交底,严格控制构造柱所用钢筋型号及尺寸,加强现场管理监控。
5. 对构造柱钢筋隐蔽时进行全数验收,合格后方可进行后续施工。

3　过梁未设置或两侧支承长度不符合要求

大于300mm洞口未设置过梁

深入墙体长度不足

质量问题及原因分析

问题描述及原因分析：
1. 宽度超过300mm砌筑洞口未设置过梁；
2. 过梁两侧深入墙体支撑长度不符合要求；
3. 技术交底质量标准及保障措施不明确；
4. 施工中缺乏管控或作业人员质量意识差施工随意；
5. 不符合《砌体结构工程施工质量验收规范》GB 50203—2011 第 3.0.11 条、《砌体结构工程施工规范》GB 50924—2014 第 3.3.6 条、《建筑抗震设计标准》GB 50011—2010 第 7.3.10 条中规定。

规范标准要求

1. 《砌体结构工程施工质量验收规范》GB 50203—2011 第 3.0.11 条规定：宽度超过 300mm 的洞口上部，应设置钢筋混凝土过梁；
2. 《砌体结构工程施工规范》GB 50924—2014 第 3.3.6 条规定：对宽度大于 300mm 的洞口上部，应设置过梁；
3. 《建筑抗震设计标准》GB 50011—2010 第 7.3.10 条规定：门窗洞处不应采用砖过梁；过梁支承长度，6～8 度时不应小于 240mm，9 度时不应小于 360mm。

正确做法及防治措施

防治措施：
1. 砌筑施工前进行砌筑排板，明确洞口位置、过梁相关技术标准；
2. 施工前在实体部位制作样板，明确过梁的施工技术要求，做好施工前技术交底。

4 门窗洞口射钉块位置不准确

四角部间距大于200

质量问题及原因分析

问题描述及原因分析：
1. 门窗洞口射钉块设置间距不符合要求；
2. 交底不到位，对射钉块的施工要求未对施工人员进行明确；
3. 施工人员未严格按照要求执行，导致射钉块漏设或设置间距不符合要求；
4. 不符合《砌体结构工程施工质量验收规范》GB 50203—2011 第 9.1.8 条规定。

规范标准要求

《砌体结构工程施工质量验收规范》GB 50203—2011 第 9.1.8 条规定：窗台处和因安装门窗需要，在门窗洞口处两侧填充墙上、中、下部可采用其他块体局部嵌砌。

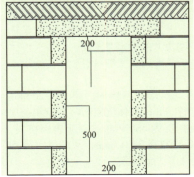

正确做法及防治措施

防治措施：
1. 采用预制块作为门窗固定，预制块或实心砖的宽度同墙厚，高度应与砌块同高，长度不小于 200mm；
2. 与门窗单位沟通确认框体固定点的前提下，施工前对作业人员进行充分交底，明确设置位置（射钉块中心距门窗洞口四角距离不大于 200mm，中间射钉块中心距离不大于 500mm 均匀布置，门窗洞口两侧对称布置）；
3. 在砌筑前深化砌体排板图，严格控制每一个预制块定位；
4. 砌体工程作业人员严格按照排板图位置摆放，严禁漏放、错放，确保门窗固定片安装位置准确、牢固。

5 墙体顶部砌筑不符合要求

质量问题及原因分析

问题描述及原因分析：
1. 砌体施工至梁底后，一次性砌筑到顶；顶部斜砌预留高度不合理，斜顶砖放置角度不符合要求，灰缝不饱满；
2. 砌体顶部填塞预留高度不符合要求，未按要求使用防腐木楔楔牢（或设置间距过大），未按规定时间填塞；
3. 技术交底未明确顶部封堵的方法、时间等，操作工人操作没有按照技术交底要求施工，随意性大；
4. 不符合《砌体结构工程施工质量验收规范》GB 50203—2011 中第 9.1.9 条规定。

规范标准要求

《砌体结构工程施工质量验收规范》GB 50203—2011 中第 9.1.9 条规定：填充墙砌体砌筑，应待承重主体结构检验批验收合格后进行。填充墙与承重主体结构间的空（缝）隙部位施工，应在填充墙砌筑 14d 后进行。

正确做法及防治措施

防治措施：
1. 技术交底应明确砌体顶部封堵的方法、时间等。
2. 填充墙砌至梁、板底时，留 30～50mm 空隙，用经防腐处理的小木楔将砌体与梁（板）底楔牢。木楔间距为 600mm 且保证每块独立砌块上部必须有木楔，在填充墙体砌筑 14d 后，再用膨胀细石混凝土将缝隙塞实抹平。
3. 填充墙砌至梁、板底时，留 80～200mm 空隙，静置 14d 待墙体沉实后，空隙斜砌顶紧。斜砌角度为 45°～60°，逐块斜砌挤紧，灰缝厚度控制在 8～12mm，两端、中间用三角混凝土预制块砌筑。

6 填充墙管线开槽不顺直、不规整

质量问题及原因分析

问题描述及原因分析：

1. 填充墙钻孔、开槽时，未使用专用工具，开凿随意、不规整；
2. 墙体表面留置水平沟槽，破坏了块体边缘较薄的实体部分，减少了块体有效截面，影响砌块强度。且在竖直荷载作用下，加大了偏心受力，对砌体承载极为不利；
3. 不符合《砌体结构通用规范》GB 55007—2021 第 5.1.4 条、《砌体结构工程施工规范》GB 50924—2014 第 10.1.8 条、《砌体结构工程施工质量验收规范》GB 50203—2011 第 3.0.11 条规定。

规范标准要求

1. 《砌体结构通用规范》GB 55007—2021 第 5.1.4 条规定：砌体中的洞口、沟槽和管道等应按照设计要求留出和预埋；
2. 《砌体结构工程施工规范》GB 50924—2014 第 10.1.8 条规定：在填充墙钻孔、镂槽或切锯时，应使用专用工具，不得任意剔凿；
3. 《砌体结构工程施工质量验收规范》GB 50203—2011 第 3.0.11 条规定：设计要求的洞口、沟槽、管道应于砌筑时正确留出或预埋，未经设计同意，不得打凿墙体和在墙体上开凿水平沟槽。

正确做法及防治措施

防治措施：

1. 砌体结构上管线、线盒开凿前应弹线切割，保证开凿顺直、规整。
2. 线槽切割开凿宜采用专用器具，未经设计同意，严禁开水平槽。避免交叉或双面开槽，严禁抹灰后开槽。
3. 砌体槽内线管管壁外表面距离墙体表面不应小于 15mm，满足安装及固定需求。
4. 线槽封堵应密实，平整，修补完成面低于墙面 2mm，为便于后续抹灰挂网找平，挂网槽两侧延伸均不应小于 100mm。

7 填充墙砌体洞口砌筑后剔凿

质量问题及原因分析

问题描述及原因分析：
1. 填充墙砌体洞口砌筑后剔凿；
2. 风管洞口等预留安装洞口位置尺寸偏差；
3. 不符合《砌体结构通用规范》GB 55007—2021 第 5.1.4 条、《砌体结构工程施工规范》GB 50924—2014 第 10.1.9 条规定。

规范标准要求

1.《砌体结构通用规范》GB 55007—2021 第 5.1.4 条规定：砌体中的洞口、沟槽和管道等应按照设计要求留出和预埋；
2.《砌体结构工程施工规范》GB 50924—2014 第 10.1.9 条规定：各种预留洞、预埋件、预埋管，应按设计要求设置，不得砌筑后剔凿。

正确做法及防治措施

防治措施：
1. 墙体排板时，结合安装专业图纸，明确预留洞口位置、尺寸；在排砖图上标注好洞口等预留位置；
2. 对于小洞口可以制作预制砌块；
3. 墙体砌筑时严格执行砌体排板图；
4. 砌体施工完成后及时验收，确保洞口、预埋件、预埋管位置准确，避免后期剔凿。

8 有水房间未设置混凝土反坎

质量问题及原因分析

问题描述及原因分析：
1. 厨房、卫生间、浴室及其他用水较多房间和地面环境比较潮湿的房间等设计有要求的房间墙体采用轻骨料混凝土小型空心砌块、蒸压加气混凝土砌块砌筑时底部未设置高度不小于150mm混凝土反坎；
2. 不符合《砌体结构工程施工规范》GB 50924—2014 第 10.1.5 条规定。

规范标准要求

《砌体结构工程施工规范》GB 50924—2014 中第 10.1.5 条规定：在厨房、卫生间、浴室等处采用轻骨料混凝土小型空心砌块、蒸压加气混凝土砌块砌筑墙体时，墙底部宜现浇混凝土坎台，其高度宜为 150mm。

正确做法及防治措施

防治措施：
1. 厨房、卫生间、浴室及其他用水较多房间和地面环境比较潮湿的房间，容易对墙体根部侵蚀，当墙体采用轻骨料混凝土小型空心砌块、蒸压加气混凝土砌块时，考虑块材的强度较低且耐久性较差、吸水性大等因素，砌体底部四周设置不小于150mm高混凝土反坎。
2. 交底中应明确混凝土坎台设置位置、尺寸要求、加固方式、质量标准等。
3. 混凝土坎台宜与混凝土楼板一次浇筑成型。如后期浇筑，应将施工缝凿毛处理干净，混凝土振捣充分。
4. 应对混凝土坎台结合部位进行不少于 5min 的淋水试验、保证不出现渗漏。

9　组砌方法不正确

质量问题及原因分析

问题描述及原因分析：
1. 墙面组砌方法混乱，出现通缝；
2. 砌体错缝搭砌长度不足；
3. 砌体的转角和交接处未同时砌筑，砌体留槎错误；
4. 不符合《砌体结构通用规范》GB 55007—2021 第 5.1.3 条、《砌体结构工程施工规范》GB 50924—2014 第 3.3.3 条第 2 款中规定、《砌体结构工程施工质量验收规范》GB 50203—2011 第 9.3.4 条规定。

规范标准要求

1. 《砌体结构通用规范》GB 55007—2021 第 5.1.3 条规定：砌体砌筑时，墙体转角和纵横交接处应同时咬槎砌筑；临时间断处应留槎砌筑；块材应内外搭砌、上下错缝砌筑；
2. 《砌体结构工程施工规范》GB 50924—2014 第 3.3.3 条第 2 款规定：砌体的转角和交接处应同时砌筑；当不能同时砌筑时，应按规定留槎、接槎；
3. 《砌体结构工程施工质量验收规范》GB 50203—2011 第 9.3.4 条中规定：砌筑填充墙时应错缝搭砌，蒸压加气混凝土砌块搭砌长度不应小于砌块长度的 1/3；轻骨料混凝土小型空心砌块搭砌长度不应小于 90mm。

正确做法及防治措施

防治措施：
1. 理解图纸内容（材料要求和涉及规范等），结合建筑、结构、水电图纸对所有砌体墙进行预排砖，优化结构图纸，根据优化完成的结构图纸，绘制砌体施工图；
2. 砌体施工前落实样板先行制度，明确组砌方法及留槎方式；
3. 砌体的转角和交接处应同时砌筑或按规定留槎、接槎。

2.2.2 石砌体配筋砌体

石砌体砌筑灰缝砂浆不饱满且灰缝过大

质量问题及原因分析

问题描述及原因分析：
1. 石块之间无砂浆或砂浆少，个别石块出现松动；
2. 石块叠砌面的的粘灰面积（砂浆饱满度）小于80%；
3. 石块之间砌筑灰缝厚度过大；
4. 不符合《砌体结构工程施工质量验收规范》GB 50203—2011 第 7.1.9 条、第 7.2.2 条规定。

 规范标准要求

《砌体结构工程施工质量验收规范》GB 50203—2011 第 7.1.9 条规定：毛石、毛料石、粗料石、细料石砌体灰缝厚度应均匀，灰缝厚度应符合下列规定：1）毛石砌体外露面的灰缝厚度不宜大于 40mm；2）毛料石和粗料石的灰缝厚度不宜大于 20mm；3）细料石的灰缝厚度不宜大于 5mm。第 7.2.2 条规定：砌体灰缝的砂浆饱满度不应小于 80%。

正确做法及防治措施

防治措施：
1. 石砌体宜采用铺浆法施工，砂浆必须饱满，不低于80%。
2. 料石砌筑不准用先铺浆后加垫，也不得先加垫后塞砂浆的砌法，应先用垫片按灰缝厚度将料石垫平，再将砂浆塞入灰缝内。
3. 毛石墙砌筑时，平缝宜先铺砂浆，后放石块。
4. 毛石墙石块之间的缝隙小于35mm时，可用砂浆填满；大于35mm时，应用小石块填稳填牢，同时填满砂浆，不得留空隙。严禁用成堆小石块填塞。
5. 严格按照施工规范控制砂浆层厚度。

2.3 钢结构

2.3.1 钢结构临时措施及保护措施

1 地脚螺栓螺纹保护不周

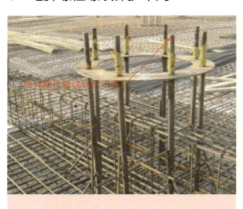

质量问题及原因分析

问题描述及原因分析：
1. 螺栓在运输或现场堆放过程中，未对其进行保护；
2. 螺栓预埋后，浇筑混凝土前，未对螺纹进行保护；
3. 不符合《钢结构工程施工质量验收标准》GB 50205—2020 中第10.2.5条规定。

 规范标准要求

《钢结构工程施工质量验收标准》GB 50205—2020 中第10.2.5条规定：地脚螺栓（锚栓）规格、位置及紧固应满足设计要求，地脚螺栓（锚栓）的螺纹应有保护措施。

正确做法及防治措施

防治措施：
1. 运输前应对螺栓进行涂油，用油纸等包装，并应单独存放，不与其他零部件混装，以免相互撞击损坏螺纹；
2. 应在埋设过程中，对丝头使用塑料膜加以保护。

2 切割临时连接板损伤母材，切割后打磨不符合要求

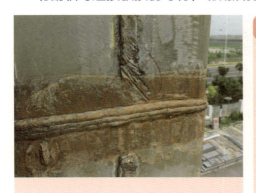

质量问题及原因分析

问题描述及原因分析：
1. 切割临时措施时，预留高度太小，火焰损伤母材；
2. 切割时遇大风，使切割火焰偏离损伤母材；
3. 切割后未按要求进行打磨平整；
4. 不符合《钢结构工程施工规范》GB 50755—2012 第 9.3.8 条规定。

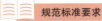

规范标准要求

《钢结构工程施工规范》GB 50755—2012 第 9.3.8 条规定：拆除临时工装夹具、临时定位板、临时连接板等时严禁用锤击落，应在距离构件表面 3mm～5mm 处采用火焰切除，对残留的焊疤应打磨平整，且不得损伤母材。

正确做法及防治措施

防治措施：
1. 切割临时措施时，应在距离构件表面 3～5mm 处切割，过近易损伤母材，过远增加打磨工作量；
2. 避免在大风天气进行切割作业；
3. 切割完成后按要求进行打磨平整。

3　钢筋在无法顺利穿入过筋孔时采用火焰扩孔

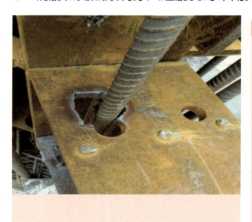

质量问题及原因分析

问题描述及原因分析：
1. 钢构件安装存在偏差，或局部定位偏差；
2. 钢筋绑扎存在偏差；
3. 未对施工作业人员进行有效的技术交底与施工监督，导致工人直接采用火焰扩孔；
4. 不符合《钢结构工程施工规范》GB 50755—2012 第 7.4.5 条规定。

规范标准要求

《钢结构工程施工规范》GB 50755—2012 第 7.4.5 条规定：高强度螺栓现场安装时应能自由穿入螺栓孔，不得强行穿入。若螺栓不能自由穿入时，可采用铰刀或锉刀修整螺栓孔，不得采用气割扩孔，扩孔数量应征得设计同意，修整后或扩孔后的孔径不应超过 1.2 倍螺栓直径。

正确做法及防治措施

防治措施：
1. 提高钢构件的安装精度、钢孔及相关零件的定位精度，提高钢筋绑扎精度；
2. 对施工作业人员做好技术交底并监督，钢筋无法顺利连接时提前沟通，可采用铰刀按规范要求扩孔，严禁直接采用气割扩孔。

4　支撑未设置端板、焊缝不饱满

质量问题及原因分析

问题描述及原因分析:
1. 施工人员未按照图纸施工；
2. 施工过程中检查控制不严格；
3. 端板未设置；
4. 不符合《钢结构工程施工质量验收标准》GB 50205—2020 第 5.2.7 条、第 5.2.8 条和第 10.7.3 条规定。

规范标准要求

《钢结构工程施工质量验收标准》GB 50205—2020 第 5.2.7 条规定：焊缝外观质量应符合表 5.2.7-1 和表 5.2.7-2 的规定；第 5.2.8 条规定：焊缝外观尺寸要求应符合表 5.2.8-1 和表 5.2.8-2 的规定；第 10.7.3 条规定：墙架、檩条等次要构件安装的允许偏差应符合表 10.7.3 的规定。

正确做法及防治措施

防治措施：
1. 详图设计时明确支座节点处杆件做法；
2. 加强构件进场验收，不合格构件及时返厂；
3. 现场安装时对支座出杆件做法进行细致交底；
4. 焊接作业人员严格执行规范要求；
5. 施工过程中严格进行检查。

5 钢梁下翼缘板与钢筋间隙过小

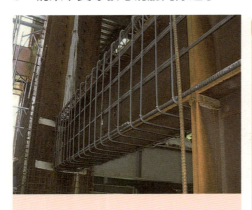

质量问题及原因分析

问题描述及原因分析：
1. 劲性钢梁安装存在偏差，钢筋按图纸绑扎后出现间隙过小现象；
2. 钢筋绑扎位置偏差，或为了便于施工，钢筋直接自钢梁下端生根绑扎；
3. 不符合《组合结构设计规范》JGJ 138—2016 第 5.1.3 条规定。

规范标准要求

《组合结构设计规范》JGJ 138—2016 第 5.1.3 条规定：型钢混凝土框架梁和转换梁最外层钢筋的混凝土保护层最小厚度应符合现行国家标准《混凝土结构设计规范》GB 50010 的规定。型钢的混凝土保护层最小厚度（图 5.1.3）不宜小于 100mm，且梁内型钢翼缘离两侧边距离 b_1、b_2 之和不宜小于截面宽度的 1/3。

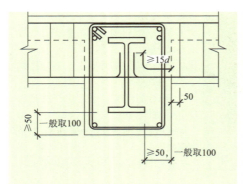

正确做法及防治措施

防治措施：
1. 加强现场测校管理，确保钢梁安装精度；
2. 严格定位放线，提高钢筋绑扎精度；
3. 对施工作业人员做好技术交底并监督实施。

2.3.2 钢结构焊接

焊缝未熔合

质量问题及原因分析

问题描述及原因分析:
1. 焊缝填充焊接时,每一层填充厚度控制不合理,造成盖面前填充厚度不够,焊缝未熔合;
2. 盖面焊接焊道宽度超标,造成不能有效控制焊道厚度;
3. 质量管理制度不到位,交底不到位或执行不严格,未严格履行交验程序;
4. 不符合《钢结构焊接规范》GB 50661—2011 第 8.1.5 条、《钢结构现场检测技术标准》GB/T 50621—2010 第 2.1.13 条规定。

规范标准要求

1. 《钢结构焊接规范》GB 50661—2011 第 8.1.5 条规定:电渣焊、气电立焊接头的焊缝外观成形应光滑,不得有未熔合、裂纹等缺陷;
2. 《钢结构现场检测技术标准》GB/T 50621—2010 第 2.1.13 条规定:未熔合为焊接金属与母材金属之间或焊接金属之间未熔化结合在一起的缺陷。

正确做法及防治措施

防治措施:
1. 对定位焊焊工进行技能培训,提高定位焊技能;
2. 施工前编写详细方案,制定合理工艺,并严格、详细向作业者交底;
3. 对焊工进行基本理论知识培训,任何非焊接材料,均不可代替焊接材料填入坡口,以免影响焊缝质量缺陷或力学性能;
4. 加强管控力度。

2.3.3　紧固件连接

1　高强螺栓施拧顺序不当

质量问题及原因分析

问题描述及原因分析：
1. 高强度螺栓紧固时，未按规定从螺栓群中间依次向外侧的次序紧固；
2. 不符合《钢结构工程施工规范》GB 50755—2012 第 7.4.8 条规定。

　规范标准要求

《钢结构工程施工规范》GB 50755—2012 第 7.4.8 条规定：高强度螺栓连接节点螺栓群初拧、复拧和终拧应采用合理的施拧顺序。第 7.4.9 条规定：高强度螺栓和焊接并用的连接节点，当设计文件无规定时，宜按先螺栓紧固后焊接的施工顺序。

正确做法及防治措施

防治措施：
1. 一般按照由中心到四周的顺序进行施拧，特殊节点施拧顺序特殊处理。
2. 为保证螺栓组间各螺栓受力均匀，减少轴力的损失，高强度螺栓的紧固分两次进行：先进行初拧，初拧扭矩为终拧扭矩的 50%；再进行终拧。对大型节点在初拧后终拧前增加一次复拧。
3. 加强交底培训，强化过程监督。

2 紧固件连接扭剪型高强度螺栓连接副终拧后梅花头未拧掉

质量问题及原因分析

问题描述及原因分析：
1. 未使用钢结构专用扭矩扳手进行施工；
2. 由于设计原因造成空间太小无法使用专用扭矩扳手对高强度螺栓进行施拧；
3. 电动扳手使用不当，产生尾部梅花头滑牙而无法拧掉梅花头；
4. 不符合《钢结构工程施工质量验收标准》GB 50205—2020 第 6.3.4 条规定。

规范标准要求

《钢结构工程施工质量验收标准》GB 50205—2020 第 6.3.4 条规定：对于扭剪型高强度螺栓连接副，除因构造原因无法使用专用扳手拧掉梅花头者外，螺栓尾部梅花头拧断为终拧结束。未在终拧中拧掉梅花头的螺栓数不应大于该节点螺栓数的 5%，对所有梅花头未拧掉的扭剪型高强度螺栓连接副应采用扭矩法或转角法进行终拧并做标记，且按本标准第 6.3.3 条的规定进行终拧质量检查。

正确做法及防治措施

防治措施：
1. 高强度螺栓施拧过程不得使用普通扳手进行施工；
2. 在制作详图设计时应考虑螺栓施拧的空间，有问题及时与设计沟通；
3. 对不能用专用扳手进行终拧的螺栓及梅花头未拧掉的扭剪型高强度螺栓连接副应采用扭矩法或转角法进行终拧并做标记，且按要求进行终拧扭矩检查。

3　高强螺栓终拧扭矩不达标

质量问题及原因分析

问题描述及原因分析：
1. 高强度螺栓安装工人操作不当；
2. 采用无计量普通扳手施拧，出现超拧或欠拧；
3. 高强度螺栓终拧扭矩值未按复验结果正确计算；
4. 扭矩扳手设定的终拧扭矩值有误；
5. 高强度螺栓连接副在拧紧时产生紧固轴力损失等而出现欠拧；
6. 不符合《钢结构高强度螺栓连接技术规程》JGJ 82—2011 第 6.4.14 条规定。

规范标准要求

《钢结构高强度螺栓连接技术规程》JGJ 82—2011 第 6.4.14 条规定：高强度大六角头螺栓连接副的拧紧应分为初拧、终拧，对于大型节点应分为初拧、复拧、终拧。初拧扭矩和复拧扭矩为终拧扭矩的 50% 左右。初拧或复拧后的高强度螺栓应用颜色在螺母上标记，按本规程第 6.4.13 条规定的终拧扭矩值进行终拧后的高强度螺栓应用另一种颜色在螺母上标记。高强度大六角头螺栓连接副的初拧、复拧、终拧宜在一天内完成。

正确做法及防治措施

防治措施：
1. 高强度螺栓安装工人，必须经过专业培训，掌握施工工艺和质量标准；
2. 正确计算大六角头高强度螺栓的终拧扭矩，其初拧、复拧扭矩不少于终拧扭矩的 50%，然后按照初拧、复拧、终拧的施拧顺序在 24h 内完成；
3. 扭矩扳手必须定期检定，取得合格证书，使用时正确标定扭矩值；
4. 大六角高强度螺栓终拧结束，采用 0.3kg 小锤逐个检查；并在终拧完成 1h 后、24h 前进行扭矩检查。欠拧或漏拧的应及时补拧，超拧的必须立即更换。

4 强行锤击穿入螺栓

质量问题及原因分析

问题描述及原因分析：
1. 工人操作不规范；
2. 螺栓孔位有偏差；
3. 不符合《钢结构工程施工规范》GB 50755—2012 第 7.4.5 条规定。

 规范标准要求

《钢结构工程施工规范》GB 50755—2012 第 7.4.5 条规定：高强度螺栓现场安装时应能自由穿入螺栓孔，不得强行穿入。螺栓不能自由穿入时，可采用铰刀或锉刀修整螺栓孔，不得采用气割扩孔，扩孔数量应征得设计单位同意，修整后或扩孔后的孔径不应超过螺栓直径的 1.2 倍。

正确做法及防治措施

防治措施：
1. 使用穿钉辅助穿入螺栓；
2. 螺栓不能自由穿入时，可采用铰刀或锉刀修整螺栓孔。

5 钢结构紧固件顶紧节点接触面间隙过大

紧固件接触面最大间隙超过0.8mm

质量问题及原因分析

问题描述及原因分析：
1. 钢结构紧固件顶紧节点接触面最大间隙超过0.8mm；
2. 钢构件变形；
3. 钢构件接触面存在杂物，贴合不严；
4. 不符合《钢结构工程施工质量验收标准》GB 50205—2020 第10.3.2条规定。

  规范标准要求

《钢结构工程施工质量验收标准》GB 50205—2020 第10.3.2条规定：设计要求顶紧的构件或节点、钢柱现场拼接接头接触面不应少于70%密贴，且边缘最大间隙不应大于0.8mm。

正确做法及防治措施

防治措施：
1. 做好清理和检查，去除飞边毛刺，确保接触面洁净和密贴；
2. 为防止法兰盘焊接肋板变形，宜将两块法兰盘板用安装螺栓拧紧后再与梁端焊接，梁与法兰盘板要对号入座安装；
3. 法兰盘板已呈现凸形，用火工烤平或采用端面铣平；
4. 使用适当的工具和工艺，对节点进行矫正，确保其平整度符合要求。

2.3.4 钢结构防火

1 防火涂料涂装裂纹、剥离、脱落

质量问题及原因分析

问题描述及原因分析：
1. 钢构件防火涂层出现裂纹、剥离、脱落等现象；
2. 防火涂料与底漆不兼容；
3. 防火涂料每遍涂料喷涂过厚，未干透就进行下层防火涂料施工；
4. 防火涂料配比不合适；
5. 不符合《钢结构工程施工质量验收标准》GB 50205—2020 第 13.4.4 条、《钢结构工程施工规范》GB 50755—2012 第 13.1.8 条规定。

 规范标准要求

1.《钢结构工程施工质量验收标准》GB 50205—2020 第 13.4.4 条规定：超薄型防火涂料涂层表面不应出现裂纹。第 13.4.6 条规定：防火涂料不应误涂、漏涂，涂层应闭合，无脱层、空鼓、明显凹陷、粉化松散和浮浆、乳突等缺陷。
2.《钢结构工程施工规范》GB 50755—2012 第 13.1.8 条规定：钢构件表面的涂装系统应相互兼容。

正确做法及防治措施

防治措施：
1. 施工前，防火涂料与油漆的相容性试验合格，防火涂料应与底漆相容，大面积防火涂料施工前制作防火涂料样板。按照"样板引路"的原则，施工前完成样板的制作，样板验收合格并交底后方可进行大面积施工。
2. 第一遍涂料干透后再涂装下道，每道不应涂刷太厚，薄型（膨胀型）防火涂料每遍喷涂厚度不应超过 2.5mm。厚型（非膨胀型）防火涂料每遍喷涂厚度宜为 5~10mm。
3. 防火涂料应在适宜的环境温度条件下施工。厚型（非膨胀型）防火涂料应分层施工。

2 防火涂料涂层厚度不足

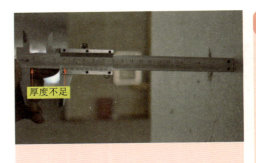

质量问题及原因分析

问题描述及原因分析：
1. 涂抹遍数过少，单道涂层厚度不足；
2. 未按照防火涂料设计要求控制涂层厚度；
3. 不符合《钢结构工程施工质量验收标准》GB 50205—2020 第 13.4.3 条规定。

规范标准要求

《钢结构工程施工质量验收标准》GB 50205—2020 第 13.4.3 条规定：膨胀型（超薄型、薄涂型）防火涂料、厚涂型防火涂料的涂层厚度及隔热性能应满足国家现行标准有关耐火极限的要求，且不小于 $-200\,\mu m$。当采用厚涂型防火涂料涂装时，80% 及以上涂层面积应满足国家现行标准有关耐火极限的要求，且最薄处厚度不应低于设计要求的 85%。

正确做法及防治措施

防治措施：
1. 涂装作业时要加强技术交底，严格工艺要求，加强过程检查，发现缺陷及时修补处理；
2. 按照防火涂料产品说明书要求进行现场配置，搅拌均匀，在规定的时间内喷涂；
3. 防火涂料施工完成后，按照规范要求及时进行外观检查和厚度检测。

2.3.5 压型金属板

1 压型金属板搭接长度不足

质量问题及原因分析

问题描述及原因分析:
1. 压型金属板加工尺寸偏差大;
2. 深化设计考虑不周;
3. 钢梁安装偏差大,预留搭接长度不足;
4. 不符合《钢结构工程施工质量验收标准》GB 50205—2020 第 12.3.6 条规定。

规范标准要求

《钢结构工程施工质量验收标准》GB 50205—2020 第 12.3.6 条规定:组合楼板中压型钢板侧向在钢梁上的搭接长度不应小于 25mm,在设有预埋件的混凝土梁或砌体墙上的搭接长度不应小于 50mm;压型钢板铺设末端距钢梁上翼缘或预埋件边不大于 200mm 时,可用收边板收头。

正确做法及防治措施

防治措施:
1. 加强深化设计管控,按规范要求预留压型金属板搭接长度;
2. 加强压型金属板进场验收,不符合要求不得进场;
3. 做好定位放线,保证钢梁安装精度,控制压型金属板安装偏差,以确保压型金属板搭接长度符合规范要求。

2　压型金属板边模与楼层面不垂直

质量问题及原因分析

问题描述及原因分析：
1. 压型金属板边模加固措施强度不够；
2. 深化排板不合理；
3. 边模成品保护不到位；
4. 不符合《钢结构工程施工规范》GB 50755—2012 第 12.0.8 条规定。

  规范标准要求

《钢结构工程施工规范》GB 50755—2012 第 12.0.8 条规定：安装边模封口板时，应与压型金属板波距对齐，偏差不大于 3mm。

正确做法及防治措施

防治措施：
1. 做好排板设计，在铺设压型金属板前先进行边缘的处理，以保证板材的尺寸统一和平整；
2. 合理控制板材的搭接间距，避免边模外挑；
3. 以一定间距加设拉条增加边模强度；
4. 加强施工过程中成品保护。

3 压型金属板铺设错边严重

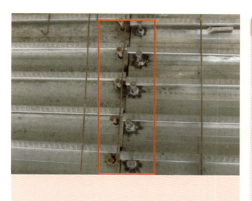

质量问题及原因分析

问题描述及原因分析：
1. 安装前未在钢梁上标出压型金属板的位置线；
2. 排板不合理，错边严重；
3. 压型金属板板材加工不规范；
4. 不符合《钢结构工程施工质量验收标准》GB 50205—2020 第 12.3.1 条规定。

规范标准要求

《钢结构工程施工质量验收标准》GB 50205—2020 第 12.3.1 条规定：压型金属板在钢梁上相邻列的错位允许偏差为 15.0mm。

正确做法及防治措施

防治措施：
1. 绘制布局图：根据建筑平面图，绘制压型金属板的布局图，明确各部位钢板的尺寸、间距和连接方式；
2. 预制加工：根据布局图进行钢板的预制加工，确保钢板的尺寸精确、质量合格；
3. 安装前：在钢梁上标出压型金属板的位置线；
4. 现场安装：在施工现场按照布局图进行钢板的安装，确保钢板的位置准确、固定牢固。

4 浇筑混凝土后压型金属板下挠过大

质量问题及原因分析

问题描述及原因分析：
1. 未按设计要求设置受力支撑，混凝土入料管放置位置不当；
2. 混凝土入料超出设计承载力要求，浇筑混凝土人员站位集中；
3. 不符合《钢筋桁架楼承板应用技术规程》T/CECS 1069—2022 第7.4.3 条规定。

规范标准要求

《钢筋桁架楼承板应用技术规程》T/CECS 1069—2022 第 7.4.3 条规定：钢筋桁架楼承板上混凝浇筑应符合下列规定：6 采用泵送混凝土浇筑时，应采取防止泵送设备超重或冲击力过大影响钢筋桁架楼承板及临时支撑安全的措施。

正确做法及防治措施

防治措施：
1. 严格按照施工方案要求设置受力支撑并经验收合格方可浇筑混凝土；
2. 混凝土均匀布料，布料机等施工机具按施工方案中的设计位置布置，避免集中堆载造成压型金属板下沉；
3. 加强交底和培训，强化过程监督，确保过程质量。

2.3.6 大跨度钢结构安装

1 钢管相贯线节点主管隐蔽焊缝未焊接

质量问题及原因分析

问题描述及原因分析：
1. 详图深化时完全未考虑主次管相贯关系；
2. 安装工艺未考虑隐蔽焊缝焊接问题；
3. 不符合《钢结构工程施工质量验收标准》GB 50205—2020 第 11.4.6 条规定。

 规范标准要求

《钢结构工程施工质量验收标准》GB 50205—2020 第 11.4.6 条规定：钢管结构中相互搭接支管的焊接顺序和隐蔽焊缝的焊接方法应满足设计要求。

隐蔽焊缝焊接

正确做法及防治措施

防治措施：
1. 参照规范主次杆件间适当拉开间距，保证焊接操作空间；
2. 将主管隐蔽焊缝焊接完成，合格后，再安装次杆；
3. 次杆端部开设主杆隐蔽焊缝焊接手孔。

2　大跨度桁架安装后出现明显下挠

质量问题及原因分析

问题描述及原因分析：
1. 桁架加工、拼装和安装过程中未采取有效的预变形（预起拱）措施；
2. 施工方法考虑不周，未采用临时支撑等措施；
3. 不符合《钢结构工程施工质量验收标准》GB 50205—2020 第 11.3.1 条规定。

规范标准要求

《钢结构工程施工质量验收标准》GB 50205—2020 第 11.3.1 条规定：钢网架、网壳结构总拼完成后及屋面工程完成后应分别测量其挠度值，且所测的挠度值不应超过相应荷载条件下挠度计算值的 1.15 倍。

正确做法及防治措施

防治措施：
1. 设计（深化设计）应考虑结构的使用荷载；
2. 施工前应计算施工挠度变形值，注意预变形措施的使用；
3. 制定合理的施工方案。

3 预应力张拉未设置安全操作平台及张拉限位装置

未设置安全操作平台及张拉限位装置

质量问题及原因分析

问题描述及原因分析：
1. 索杆张拉时，未按要求设置安全操作平台；
2. 索杆张拉时，未设置位移测定及张拉限位装置；
3. 不符合《钢结构工程施工质量验收标准》GB 50205—2020 第 11.7.1 条规定。

规范标准要求

《钢结构工程施工质量验收标准》GB 50205—2020 第 11.7.1 条规定：索杆预应力施加方案，包括预应力施加顺序、分阶段张拉次数、各阶段张拉力和位移值等应满足设计要求。对承重索杆应进行内力和位移双控制，各阶段张拉力值或位移变形值允许偏差应为 ±10%。

正确做法及防治措施

防治措施：
1. 采用型钢（如角钢和槽钢等）焊制拉索安装和张拉所需的操作平台，操作平台不仅要便于拉索施工，也要保证施工安全性。
2. 拉索张拉时应确保足够人手，人员正式上岗前进行技术培训与交底。设备正式使用前需进行检验、校核并调试，确保使用过程中万无一失。
3. 拉索张拉设备须配套标定。
4. 按规范和施工方案要求设置安全操作平台及张拉限位装置。

4 钢索和保护层结构损坏

钢索地面展开时局部保护不到位

质量问题及原因分析

问题描述及原因分析：
1. 钢索地面展开时局部保护不到位，钢索和保护层结构损坏；
2. 不符合《钢结构工程施工质量验收标准》GB 50205—2020 第 11.5.6 条规定。

 规范标准要求

《钢结构工程施工质量验收标准》GB 50205—2020 第 11.5.6 条规定：拉索、拉杆表面保护层应光滑平整，无破损，保护层应紧密包覆，锚具与有保护层的拉索、拉杆防水密封处不应有损伤。

正确做法及防治措施

防治措施：
1. 拉索安装前，仔细检查索体表面和索头防腐层是否有破损；
2. 钢索的柔度相对较好，在开盘拉索展开过程中外包的防护层不除去，仅剥去索夹处的防护，在牵引索、安装索夹、张拉索的各道工序中，均注意避免碰伤、刮伤索体；
3. 对于在拉索安装后难以完成的工作，应在拉索安装前完成，如索头连接板的防锈涂层。需对索头调节装置等部位涂适量黄油润滑，以便于拧动调节装置。

第 3 章

建筑装饰装修

3.1 建筑地面

1 混凝土散水与主体未设置分隔缝且散水有下沉现象

质量问题及原因分析

问题描述及原因分析：
1. 散水与外墙之间未留缝；
2. 散水基础未按设计要求施工或材料不符合要求；
3. 散水周边排水不畅，积水渗入缝隙中，土体受水浸泡下沉；
4. 不符合《建筑地面设计规范》GB 50037—2013 第 6.0.20 条和《建筑地面工程施工质量验收规范》GB 50209—2010 第 3.0.15 条规定。

规范标准要求

1. 《建筑地面设计规范》GB 50037—2013 第 6.0.20 条规定：散水与外墙交接处宜留缝，缝宽为 20mm～30mm，缝内应填柔性密封材料；
2. 《建筑地面工程施工质量验收规范》GB 50209—2010 第 3.0.15 条规定：水泥混凝土散水、明沟应设伸、缩缝，其延长米间距不得大于 10m，对日晒强烈且昼夜温差超过 15℃的地区，其延长米的间距宜为 4m～6m。水泥混凝土散水、明沟和台阶等与建筑物连接处及房屋转角处应设缝处理。上述缝的宽度应为 15mm～20mm，缝内应填嵌柔性密封材料。

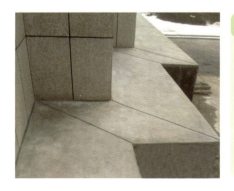

正确做法及防治措施

防治措施：
1. 散水采用混凝土时，宜按 4～6m 间距设置伸缝；散水与外墙交接处应设缝，缝宽为 15～20mm，缝内应填柔性密封材料；
2. 散水基础应按设计要求回填、压实；
3. 散水周边地形与散水坡度一致，确保排水顺畅。

2 地面石材出现水渍

质量问题及原因分析

问题描述及原因分析：
1. 地面石材表面局部或大面积泛现水渍，影响观感质量效果，且较难处理；
2. 石材出厂前六面防护不到位，少数石材现场切割后未进行二次防护处理；
3. 不满足《建筑地面工程施工质量验收规范》GB 50209—2010 第 6.3.7 条规定。

规范标准要求

《建筑地面工程施工质量验收规范》GB 50209—2010 第 6.3.7 条规定：大理石、花岗岩面层铺设前，板块的背面和侧面应进行防碱处理。

正确做法及防治措施

防治措施：
1. 石材大板需干燥充分，加工出厂前应做好六面防护，需驻场督造品控，石材进场时做好验收；
2. 少数石材现场切割后，需进行二次防护与晾干处理，再进场铺装；
3. 铺贴后及时进行成品保护，避免面层防护磨损，待基层水汽散发后，再进行勾缝处理；
4. 石材表面做结晶处理，需将缝隙清理干净，合理使用磨片，避免造成浸渗污染。

3 不同材质地面交接处有高差

不同材质地面交接处有高差

质量问题及原因分析

问题描述及原因分析：
1. 不同材质地面交接处有高差；
2. 地面找平层施工时，未考虑不同面层做法的不同厚度；
3. 楼层不同区域标高控制不到位；
4. 不符合《建筑地面工程施工质量验收规范》GB 50209—2010 第 6.1.8 条规定。

规范标准要求

《建筑地面工程施工质量验收规范》GB 50209—2010 第 6.1.8 条规定：板块面层的允许偏差和检验方法应符合表 6.1.8 的规定。表 6.1.8 中规定：大理石面层、花岗岩面层、人造石面层、金属板面层表面平整度为 1.0mm。

正确做法及防治措施

防治措施：
1. 应将标高线从楼道统一引入各房间内，标出地面标高控制线。铺设时，控制好不同面层材料的做法厚度。
2. 板块自身几何尺寸应符合规范要求，凡有翘曲、拱背、宽窄不方正等缺陷时，应挑出不用。
3. 地面铺设后，在养护期内禁止上人活动，做好成品保护工作。

4 楼梯踏步高差超标

质量问题及原因分析

问题描述及原因分析：
1. 楼梯相邻踏步高差超过 10mm，踏步面层未做防滑处理；
2. 剧院、报告厅等走道部位，事先策划未考虑每排座椅标高的非等高性；
3. 不符合《民用建筑通用规范》GB 55031—2022 第 5.3.10 条、《建筑地面工程施工质量验收标准》GB 50209—2010 中第 6.3.10 条等规定。

规范标准要求

1.《民用建筑通用规范》GB 55031—2022 第 5.3.10 条规定：每个梯段的踏步高度、宽度应一致，相邻梯段踏步高度差不应大于 0.01 m，且踏步面应采取防滑措施。
2.《建筑地面工程施工质量验收标准》GB 50209—2010 第 6.3.10 条规定：楼梯、台阶踏步的宽度、高度应符合设计要求。踏步板块的缝隙宽度应一致；楼层梯段相邻踏步高度差不应大于 10mm；每踏步两端宽度差不应大于 10mm，旋转楼梯梯段的每踏步两端宽度的允许偏差不应大于 5mm。踏步面层应做防滑处理，齿角应整齐，防滑条应顺直、牢固。

正确做法及防治措施

防治措施：
1. 加强楼梯和台阶在结构施工阶段的复尺检查工作，使踏级的高度和宽度偏差控制在±10mm 以内；
2. 为确保踏级的位置正确和宽、高度尺寸一致，抹踏级面层前，应根据平台标高和楼面标高，先在侧面墙上弹一道踏级标准斜坡线，然后根据踏级步数将斜线等分，这样斜线上的各等分点即为踏级的阳角位置；
3. 事前策划时，应对剧院走道等部位按相邻座椅平台高差，对阶梯踏步进行等分处理。

5 板块踢脚线出墙厚度不一致

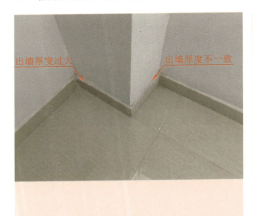

质量问题及原因分析

问题描述及原因分析：
1. 板块踢脚线出墙厚度过大，且厚度不一致；
2. 板块踢脚线未采用"薄踢脚线"工艺施工，且踢脚部位墙面不平整；
3. 不符合《建筑地面工程施工质量验收规范》GB 50209—2010 第 6.2.10 条要求。

规范标准要求

《建筑地面工程施工质量验收规范》GB 50209—2010 第 6.2.10 条规定：踢脚线表面应洁净，与柱、墙面的结合应牢固；踢脚线高度及出柱、墙厚度应符合设计要求，且均匀一致。

正确做法及防治措施

防治措施：
1. 明确"薄踢脚线"工艺做法，出墙厚度宜为 8～10mm；
2. 墙面抹灰不能直接到底，应预留踢脚部位及以上 200～3000mm 范围不做抹灰，且要严格控制踢脚线上口抹灰的平整度，待踢脚线完成后墙面抹灰再收口；
3. 踢脚采用薄灰或专业胶粘剂粘贴，带通线控制踢脚线上口的顺直度。

6 块材踢脚线脱落

质量问题及原因分析

问题描述及原因分析：
1. 块材踢脚线空鼓、脱落；
2. 基层未清理，导致粘合不牢固；
3. 水泥砂浆结合层强度不符合要求；
4. 不符合《建筑地面工程施工质量验收规范》GB 50209—2010 第 6.1.3 条第 3 款和第 6.1.7 条规定。

规范标准要求

《建筑地面工程施工质量验收规范》GB 50209—2010 第 6.1.3 条第 3 款规定：水泥砂浆的体积比（或强度等级）应符合设计要求。第 6.1.7 条规定：板块类踢脚线施工时，不得采用混合砂浆打底。

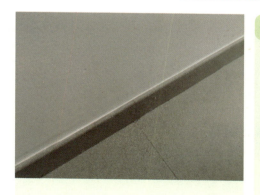

正确做法及防治措施

防治措施：
1. 铺贴前应对基层进行处理，确保墙地面基层无浮沉、起砂等情况；
2. 粘贴时应使用符合设计要求配置的胶粘剂；
3. 及时进行保湿养护。

7 楼梯间休息平台净高小于 2m

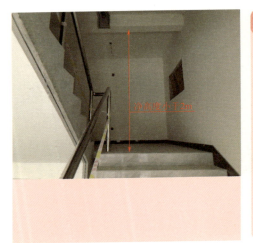

质量问题及原因分析

问题描述及原因分析：
1. 休息平台上部及下部过道处得净高小于 2m；
2. 图纸结构设计问题；
3. 主体结构施工时标高错误；
4. 踏步贴砖厚度控制不足；
5. 不符合《民用建筑通用规范》GB 55031—2022 第 5.3.7 条规定。

 规范标准要求

《民用建筑通用规范》GB 55031—2022 第 5.3.7 条规定：公共楼梯休息平台上部及下部过道处的净高不应小于 2.00m，梯段净高不应小于 2.20m。

正确做法及防治措施

防治措施：
1. 提前审图，如发现主体结构设计标高有问题，需提前提出；
2. 施工过程中严格控制标高；
3. 铺装时提前策划，计算砂浆厚度，控制好面层厚度；
4. 做好楼梯间的验收工作。

8　卫生间地漏未居中套割

质量问题及原因分析

问题描述及原因分析：
1. 卫生间地漏未居中套割，未做出合适的排水坡度；
2. 施工策划不到位或技术交底不详细；
3. 不符合《民用建筑设计统一标准》GB 50352—2019 第 6.13.3 条规定。

　规范标准要求

《民用建筑设计统一标准》GB 50352—2019 第 6.13.3 条规定：厕所、浴室、盥洗室等受水或非腐蚀性液体经常浸湿的楼地面应采取防水、防滑的构造措施，并设排水坡坡向地漏。

正确做法及防治措施

防治措施：
1. 按规范要求进行施工策划，并对细部做法进行详细的技术交底；
2. 做好现场细部施工指导与旁站，做到地面坡度、坡向正确，地漏安装平正、牢固，并与地砖套割居中。

3.2 抹灰

1 不同材料基体交接处未设置加强网

未设置加强网

质量问题及原因分析

问题描述及原因分析：
1. 抹灰施工前，不同材料基体交接处未设置加强网；
2. 施工管理人员未对操作人员进行技术交底、明确加强措施；
3. 不符合《建筑装饰装修工程质量验收标准》GB 50210—2018 第 4.2.3 条规定。

规范标准要求

《建筑装饰装修工程质量验收标准》GB 50210—2018 第 4.2.3 条规定：不同材料基体交接处表面的抹灰，应采取防止开裂的加强措施，当采用加强网时，加强网与各基体的搭接宽度不应小于 100mm。

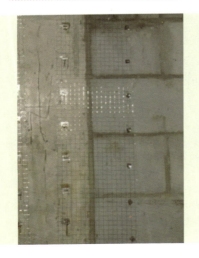

正确做法及防治措施

防治措施：
1. 施工前熟悉规范要求，认识加强措施的重要性；
2. 认真进行抹灰施工前的技术交底，在施作样板时进行分工序展示，将各工序做法可视化；
3. 严格控制搭接宽度，并做好加强网与墙体的固定，确保紧贴墙体；
4. 不同材料交界处如烟道等与墙体之间缝隙应填塞饱满，确保密实后挂加强网。

2　楼梯间人流通道以玻纤网代替钢丝网

质量问题及原因分析

问题描述及原因分析：
1. 对工人进行技术交底不细致；
2. 施工过程中检查不到位，导致楼梯间墙面抹灰未使用钢丝网；
3. 不符合《建筑抗震设计标准》GB/T 50011—2010（2024年版）第 13.3.4 条规定。

 规范标准要求

《建筑抗震设计标准》GB/T 50011—2010（2024年版）第 13.3.4 条规定：楼梯间和人流通道的填充墙，应采用钢丝网砂浆面层加强。

正确做法及防治措施

防治措施：
1. 根据图纸要求设置钢丝网加强层；
2. 对工人加强技术交底，过程中巡检到位。

3　楼梯未做滴水线

质量问题及原因分析

问题描述及原因分析：
1. 楼梯没有滴水线；
2. 施工图未明确楼梯滴水线做法；
3. 施工单位审图时未发现楼梯滴水线缺失问题；
4. 编制施工方案时未明确梯段底面细部做法；
5. 不符合《建筑装饰装修工程质量验收标准》GB 50210—2018 第 4.4.7 条要求。

　规范标准要求

《建筑装饰装修工程质量验收标准》GB 50210—2018 第 4.4.7 条规定：有排水要求的部位应做滴水线（槽）。滴水线（槽）应整齐顺直，滴水线应内高外低，滴水槽的宽度和深度均不应小于 10mm。

正确做法及防治措施

防治措施：
1. 提前策划，图审时明确楼梯梯段底部滴水线做法；
2. 编制施工方案时应注意细部做法的工艺，做好技术交底，并形成样板；
3. 依据样板进行施工。

4　雨篷未做滴水线

质量问题及原因分析

问题描述及原因分析：
1. 雨篷未按规范要求设置滴水线；
2. 施工方案中细部做法表述不详细；
3. 对作业人员技术交底不具体；
4. 不符合《建筑与市政工程防水通用规范》GB 55030—2022 第 4.5.4 条第 1、3 款，《建筑装饰装修工程质量验收标准》GB 50210—2018 第 4.3.9 条和第 4.4.7 条要求。

规范标准要求

1.《建筑与市政工程防水通用规范》GB 55030—2022 第 4.5.4 条第 1 款规定：雨棚应设置外排水，坡度应不小于 1%，且系下口下沿应做滴水线；第 3 款规定：室外挑板与墙体连接处应采取防雨水倒灌措施和节点构造防水措施；
2.《建筑装饰装修工程质量验收标准》GB 50210—2018 第 4.3.9 条和第 4.4.7 条规定：有排水要求的部位应做滴水线（槽）。滴水线（槽）应整齐顺直，滴水线应内高外低，滴水槽的宽度和深度均不应小于 10mm。

正确做法及防治措施

防治措施：
1. 认真学习相关规范、标准；
2. 对作业人员针对滴水线细部做法进行技术交底，并做好样板；
3. 按照规范、标准要求设置滴水线（槽），滴水槽设置位置、宽度和深度均满足规范要求；滴水线（槽）距外墙面 30～50mm，在距两端墙面 50mm 处设置断水；
4. 依据样板及时进行现场成品检查。

3.3　外墙防水与节能

1　外墙窗口处出现渗漏

质量问题及原因分析

问题描述及原因分析：
1. 外窗安装完成后出现渗漏现象；
2. 窗框四周塞缝所用防水密封材料质量不合格；
3. 外窗部位的防水施工未按工艺要求操作，局部为密封；
4. 外窗框或附框安装后，成品保护措施不力，致窗框与附框间产生缝隙；
5. 外窗未设置滴水线和外低内高坡度太小等造成门窗边渗漏；
6. 不符合《建筑与市政工程防水通用规范》GB 55030—2022 第 5.5.2 条、《建筑装饰装修工程质量验收标准》GB 50210—2018 第 4.3.9 条和 4.4.7 条、《建筑外墙防水工程技术规程》JGJ/T 235—2011 第 5.3.1 条、《建筑节能工程施工质量验收标准》GB 50411—2019 第 6.2.4 条等规范规定。

规范标准要求

1. 《建筑与市政工程防水通用规范》GB 55030—2022 第 5.5.2 条规定：外门窗框与门窗洞口之间缝隙应填充密实，接缝密封；
2. 《建筑装饰装修工程质量验收标准》GB 50210—2018 第 4.3.9 条和第 4.4.7 条规定：门窗、檐口、雨棚等有排水要求的部位应做滴水线（槽）。滴水线（槽）应整齐顺直，滴水线应内高外低，滴水槽的宽度和深度均不应小于 10mm。滴水线（槽）距外墙面 30～50mm，在距两端墙面 50mm 处设置断水；

3.《建筑外墙防水工程技术规程》JGJ/T 235—2011 第 5.3.1 条规定：……门窗上楣的外口应做滴水线；外窗台应设置不小于 5% 的外排水坡度；

4.《建筑节能工程施工质量验收标准》GB 50411—2019 第 6.2.4 条规定：外门窗框或附框与洞口之间的间隙应采用弹性闭孔材料填充饱满，并进行防水密封，夏热冬暖地区、温和地区当采用防水砂浆填充间隙时，窗框与砂浆间应用密封胶密封；外门窗框与附框之间的缝隙应使用密封胶密封。

正确做法及防治措施

防治措施：

1. 门窗加工前，应对其雨水渗透性能进行检测，有节能要求的门窗增加传热性能检测。
2. 窗框应设置排水孔，排水孔宽度不小于 5mm，长度不小于 20mm，宜配置装饰孔盖。
3. 窗与墙缝隙必须采用闭孔保温填充材料，连接采用弹性连接。填充材料宜用聚氨酯泡沫填缝剂，密封材料宜用中性硅酮密封胶。
4. 外窗框及附框四周应保证有 4～6mm 的缝隙，应清理干净并干燥后，使用聚氨酯发泡剂连续填充，一次成型，充填饱满，在硬化前清理干净框内、外侧多余发泡胶，清理使用壁纸刀切割平顺，严禁撕扯，防止发泡剂外膜受损。将槽口用耐候胶封闭，严禁在涂料层上打密封胶。
5. 外窗的窗台外侧必须低于内侧不小于 10mm，且外窗台向外坡度 ≥ 5%。窗楣上应做鹰嘴、设置连贯性滴水线或滴水槽，滴水槽距外立面边缘 30mm，槽宽 10mm，槽深 10mm，距窗楣两侧 50mm 终止。

2　外墙空调管道孔防水处理不当

质量问题及原因分析

问题描述及原因分析：
1. 未提前预埋套管，结构后开洞；管道坡度错误，"外高内底"导致雨水倒灌；
2. 结构施工期间，未关注空调管的预留或预埋套管时未考虑坡度；
3. 不符合《建筑与市政工程防水通用规范》GB 55030—2022 第 4.5.5 条第 2 款和《建筑外墙防水工程技术规程》JGJ/T 235—2011 第 5.3.5 条规定。

规范标准要求

1.《建筑与市政工程防水通用规范》GB 55030—2022 第 4.5.5 条第 2 款规定：穿墙套管应采取避免雨水流入措施和内外防水密封措施。
2.《建筑外墙防水工程技术规程》JGJ/T 235—2011 第 5.3.5 条规定：穿过外墙的管道宜采用套管，套管应内高外低，坡度不应小于 5%，套管周边应作防水密封处理。

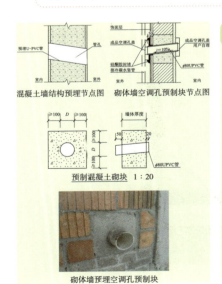

正确做法及防治措施

防治措施：
1. 套管预埋施工，预埋止水套管（翼环，厚 2mm，宽 100mm），与管壁满焊。管隙堵塞，沥青麻丝堵塞套管与管道之间的缝隙，内外侧以密封胶收口。迎水面沿管道周边 250mm 范围内刷聚氨酯防水层 2mm 厚，翻上管壁 150mm。
2. 外墙预留洞口须固化节点做法，要求现场严格按节点施工。封堵工艺流程如下：孔洞四周清理干净，室外密贴外墙封模，室内支簸箕口，孔洞尺寸 ≤100mm 时，可用 1∶2 水泥砂浆（添加防水剂和膨胀剂）分次封堵；当孔洞 >100mm 时，应采用细石混凝土封堵。

3　外墙脚手架孔、后塞缝未采取隔热断桥措施

质量问题及原因分析

问题描述及原因分析：
1. 外墙脚手架孔、后塞缝未采取隔热断桥措施；
2. 技术交底不细致，未将施工临时孔洞和缝隙等内容纳入交底中；
3. 不符合《建筑节能工程施工质量验收标准》GB 50411—2019 第 4.3.4 条规定。

规范标准要求

《建筑节能工程施工质量验收标准》GB 50411—2019 第 4.3.4 条规定：施工产生的墙体缺陷，如穿墙套管、脚手架眼、孔洞、外门窗框或附框与洞口之间的间隙等，应按照专项施工方案采取隔断热桥措施、不得影响墙体热工性能。

正确做法及防治措施

防治措施：
1. 施工前做好技术交底，明确脚手架眼洞口、后塞缝等位置和封堵方法；
2. 按要求进行封堵，进行隔热断桥处理；
3. 加强现场检查，如有遗漏及时整改。

4 板材保温板拼缝过大、拼缝至窗洞口边缘过小

质量问题及原因分析

问题描述及原因分析：
1. 板材保温层拼缝超过1.5mm，且未采取填塞及批缝处理；
2. 窗洞口四周竖向拼缝至洞口边缘小于200mm；
3. 不符合《建筑节能工程施工质量验收标准》GB 50411—2019第4.3.5条、《外墙外保温建筑构造》10J121附录3-4第5.3条和《外墙外保温建筑构造》10J121（A-2）等相关规定。

 规范标准要求

1.《建筑节能工程施工质量验收标准》GB 50411—2019第4.3.5条规定：墙体保温板材的粘贴方法和接缝方法应符合专项施工方案要求，保温板拼接应平整严密。
2.《外墙外保温建筑构造》10J121附录3-4第5.3条规定：板间高差不得大于1.5mm，板间缝隙不得大于1.5mm。对于板材类保温层施工完成后，对大于1.5mm的拼缝均应进行处理，应分别根据实际情况采取胶粘剂批缝和同材质保温材料填塞处理。
3.《外墙外保温建筑构造》10J121（A-2）规定：门窗洞口四角处保温板不得拼缝，应采用整块保温板切割成形加强技术交底窗洞口周边需预先进行排板开角部至少200mm。

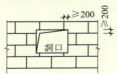

正确做法及防治措施

防治措施：
1. 加强对操作人员的技术交底，明确拼缝要求；
2. 窗洞口周边应预先进行策划，并做出排板图；
3. 操作人员应仔细丈量拼块尺寸，并按尺寸裁切拼块；
4. 加强验收环节，对过小的拼块，及时更换；
5. 对于偏大的缝隙，采用胶粘剂批缝和同材质保温材料填塞。

5 保温外墙内表面结露、发霉

质量问题及原因分析

问题描述及原因分析：
1. 外墙外保温工程投入使用后，外墙、顶层屋面与外墙交界处内表面发生结露、发霉现象；
2. 外墙穿墙螺栓孔封堵不严密，造成外墙渗漏，形成热桥，降低了保温效果使外墙内表面结露、发霉；
3. 外墙门窗框周边渗漏；
4. 外墙保温层拼缝不严、开裂形成热桥，降低了保温效果；
5. 后续施工破坏已完成的保温工程；
6. 不符合《建筑节能工程施工质量验收标准》GB 50411—2019 第 4.3.4 条规定。

规范标准要求

《建筑节能工程施工质量验收标准》GB 50411—2019 第 4.3.4 条规定：施工产生的墙体缺陷，如穿墙套管、脚手架眼、孔洞、外门窗框或附框与洞口之间的间隙等，应按照专项施工方案采取隔断热桥措施，不得影响墙体热工性能。

正确做法及防治措施

防治措施：
1. 保温层施工前，逐个封堵穿墙螺栓孔，选用聚氨酯发泡剂、防水砂浆、水泥基结晶渗透防水涂料等进行封堵。并加强雨后封堵质量检查工作，保证穿墙螺栓孔封堵严密。
2. 门窗框洞口四周用 10mm 厚 1∶3 水泥浆打底，再用聚氨酯氨发泡剂嵌缝，留 3～5mm 厚缝隙，注入专用耐候密封胶。
3. 按外墙保温施工措施严格控制保温层施工质量，保温板拼缝应严密，避免热桥。
4. 上窗口、阳台顶部等设置滴水线，外墙脚手洞口、落水管、空调机支架等安装锚固部位封堵严密。
5. 保护好已完工的墙体保温工程，如有损坏及时修补。

6　保温装饰板与墙体之间未设置锚固连接

质量问题及原因分析

问题描述及原因分析：
1. 外墙保温装饰与墙体之间未设置锚固连接；
2. 技术交底时，对锚固连接件的安装强调不够；
3. 操作人员未按技术交底要求施工；
4. 不满足《建筑节能与可再生能源利用通用规范》GB 55015—2021 第 6.2.4 条第 4 款和《建筑节能工程施工质量验收标准》GB 50411—2019 第 4.2.13 条第 1 款和第 4 款的规定。

规范标准要求

1.《建筑节能与可再生能源利用通用规范》GB 55015—2021 第 6.2.4 条第 4 款规定：当保温层采用锚固件固定时，锚固件数量、位置、锚固深度、胶结材料性能和锚固力应符合设计和施工方案的要求；
2.《建筑节能工程施工质量验收标准》GB 50411—2019 第 4.2.13 条第 1 款规定：外墙采用保温装饰板时，保温装饰板的安装构造、与基层墙体的连接做法应符合设计要求；第 4 款规定：保温装饰板的锚固件应将保温装饰板的装饰面板固定牢固。

正确做法及防治措施

防治措施：
1. 施工前做好详细的技术交底；
2. 加强现场检查工作，确保技术交底的准确实施；
3. 按规定要求将保温装饰板与基层墙体之间做好可靠连接固定。

7　门窗洞口等终端位置未进行翻包

质量问题及原因分析

问题描述及原因分析：
1. 外墙门窗洞口位置未翻包；
2. 图纸未明确详细做法；
3. 技术交底中对细部做法未做明确说明；
4. 不符合《外墙外保温工程技术标准》JGJ 144—2019 第 5.1.4 条的规定。

规范标准要求

《外墙外保温工程技术标准》JGJ 144—2019 第 5.1.4 条规定：外保温工程应进行系统的起端、终端以及檐口、勒脚处的翻包或包边处理。装饰缝、门窗四角和阴阳角等部位应设置增强玻纤网。

正确做法及防治措施

防治措施：
1. 做好深化设计或工程洽商记录，明确门窗洞口等终端翻包做法；
2. 在施工方案中，进一步明确各部位的细部做法；
3. 加强技术交底，将细部做法交代清楚，责任到人；
4. 事中加强检查，发现未翻包时，及时整改。

8 外墙保温板粘接砂浆面积小

质量问题及原因分析

问题描述及原因分析：
1. 外墙保温板粘贴砂浆面积小；
2. 施工单位未按施工方案进行交底，交底内容不细致；
3. 不符合《外墙外保温工程技术标准》JGJ 144—2019 第 6.1.3 条的规定和《外墙外保温建筑构造》10J121 中 A-1 页说明要求。

规范标准要求

1.《外墙外保温工程技术标准》JGJ 144—2019 第 6.1.3 条规定：在进行粘贴保温板薄抹灰外保温系统施工时，保温板应采用点框粘法或条粘法固定在基层墙体上，EPS 板与基层墙体的有效粘贴面积不得小于保温板面积的 40%，并宜使用锚栓辅助固定。XPS 板和 PUR 板或 PIR 板与基层墙体的有效粘贴面积不得小于保温板面积的 50%，并应使用锚栓辅助固定。
2.《外墙外保温建筑构造》10J121 中 A-1 页说明中要求：保温板与基层墙体的有效粘接面积不得小于有效粘接面积的 40%。

正确做法及防治措施

防治措施：
1. 针对有效粘接面积应在技术交底中详细说明，并应附图；
2. 做好现场旁站质量检查，发现问题及时整改；
3. 对于粘接完工保温板，可适当进行拆卸检查，以确认粘接面积是否符合规范要求，确保粘接面积和粘接质量。

9 外墙保温饰面层出现开裂、渗水现象

质量问题及原因分析

问题描述及原因分析：
1. 外墙保温饰面层出现开裂、渗水现象；
2. 基层处理不当，基层找平抹灰时操作不当，造成空鼓开裂，进而裂缝向外发展，造成饰面层开裂；
3. 饰面层涂料因质量问题抗裂性能差，或施工不当，涂料上墙后因风吹日晒易出现干缩龟裂等质量问题；
4. 不满足《建筑节能与可再生能源利用通用规范》GB 55015—2021 第 6.2.4 条第 3 款和《外墙外保温工程技术标准》JGJ 144—2019 第 4.0.2 条规定的要求。

规范标准要求

1. 《建筑节能与可再生能源利用通用规范》GB 55015—2021 第 6.2.4 条第 3 款规定：……保温浆料与基层之间及各层之间的粘接必须牢固，不应脱层、空鼓和开裂。
2. 《外墙外保温工程技术标准》JGJ 144—2019 第 4.0.2 条规定：外保温系统经耐候性试验后，不得出现空鼓、剥落或脱落、开裂等破坏，不得产生裂缝出现渗水。

正确做法及防治措施

防治措施：
1. 施工前编制外墙保温专项施工方案，做好技术交底，明确施工中的重点、难点工作；
2. 施工时按规范要求做好基层处理及饰面层涂料喷涂工作，加强现场监督，做好隐蔽工程验收工作；
3. 严格执行进场材料验收制度，检查质量证明文件、产品合格证等，保证施工用料符合设计要求。

10　外墙保温一体板脱落

质量问题及原因分析

问题描述及原因分析：
1. 外墙保温一体板脱落；
2. 一体板与基层墙体的锚固不牢固、粘结砂浆粘接面积小，导致外墙保温一体板脱落；
3. 胶粘剂强度不足；
4. 不符合《建筑节能与可再生能源利用通用规范》GB 55015—2021 第 6.2.4 条第 3 款、《民用建筑通用规范》GB 55031—2022 第 6.2.5 条、《建筑与市政工程施工质量控制通用规范》GB 55032—2022 第 3.3.7 条第 2 款、《建筑节能工程施工质量验收标准》GB 50411—2019 第 4.2.7 条和《外墙外保温工程技术标准》JGJ 144—2019 第 4.0.2 的规定。

规范标准要求

1. 《建筑节能与可再生能源利用通用规范》GB 55015—2021 第 6.2.4 条第 3 款规定：……保温浆料与基层之间及各层之间的粘接必须牢固，不应脱层、空鼓和开裂。
2. 《民用建筑通用规范》GB 55031—2022 第 6.2.5 条规定：设置在墙上的内、外保温系统与墙体、梁、柱的连接应安全可靠。
3. 《建筑与市政工程施工质量控制通用规范》GB 55032—2022 第 3.3.7 条第 2 款规定：建筑外墙外保温系统与外墙的连接应牢固，保温系统各层之间的连接应牢固。

4.《建筑节能工程施工质量验收标准》GB 50411—2019 第 4.2.7 条规定：保温板材与基层之间及各构造层之间的粘结或连接必须牢固。保温板材与基层的连接方式、拉伸粘结强度和粘结面积比应符合设计要求。保温板材与基层之间的拉伸粘结强度应进行现场拉拔试验，且不得在界面破坏。粘结面积比应进行剥离检验。

5.《外墙外保温工程技术标准》JGJ 144—2019 第 4.0.2 条规定：外保温系统经耐候性试验后，不得出现空鼓、剥落或脱落、开裂等破坏。

正确做法及防治措施

防治措施：
1. 施工前做好技术交底，明确保温一体板施工质量；
2. 施工中加强质量检查，保证粘结砂浆粘结面积满足设计要求；
3. 施工前，检查胶粘剂强度，确保满足规范和设计要求；
4. 按规定设置锚固件，锚固件与基层墙体连接方法符合规范要求。

3.4 门窗

3.4.1 门窗安装

1 木门扇上下底口未做防腐漆

质量问题及原因分析

问题描述及原因分析：
1. 木门扇上下底口漏做防腐漆；
2. 成品门进场验收时未严格把关，门扇安装时未发现上下口油漆缺失；
3. 不符合《建筑装饰装修工程质量验收标准》GB 50210—2018 第6.2.3条规定。

规范标准要求

《建筑装饰装修工程质量验收标准》GB 50210—2018 第6.2.3条规定：木门窗的防火、防腐、防虫处理应符合设计要求。

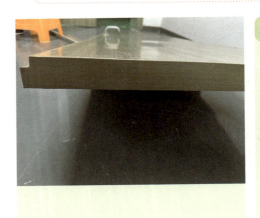

正确做法及防治措施

防治措施：
1. 认真把好进场验收关；
2. 安装前应发现门扇油漆缺少情况，并做好补漆工作，待油漆干燥后再安装；
3. 补漆的颜色应与装饰风格保持一致。

2 卫生间等有水房间木门框下部未做防潮处理

质量问题及原因分析

问题描述及原因分析：

1. 卫生间木门下面未做防潮处理，容易造成卫生间木门边框翘曲、变形、开裂；
2. 深化设计考虑不周，未注意细节处理；
3. 止水暗坎及防水施工不到位；
4. 加工卫生间门套未考虑卫生间防潮；
5. 不符合《住宅设计规范》GB 50096—2011 第 5.8.6 条和《住宅装饰装修工程施工规范》GB 50327—2001 第 11.1.5 条规定。

规范标准要求

1.《住宅设计规范》GB 50096—2011 第 5.8.6 条规定：厨房和卫生间的门应在下部设置有效截面积不小于 $0.02m^2$ 的固定百叶，也可距地面留出不小于 30mm 的缝隙；
2.《住宅装饰装修工程施工规范》GB 50327—2001 第 11.1.5 条规定：潮湿部位的固定橱柜、木门套应做防潮处理。

正确做法及防治措施

防治措施：

1. 卫生间门套及贴脸不应与地面直接接触，应留 3～5mm 的空隙，端头防腐处理后打密封胶封闭，防止产品受潮湿；
2. 卫生间木门框下部可用与踢脚或过门石同材质的石材、不锈钢材料代替，防止水汽浸入，避免门框因水泡变形，油漆脱落。卫生间木门下部宜设置换气孔。

3 无障碍卫生间门开启方向错误、设施缺失

质量问题及原因分析

问题描述及原因分析：
1. 无障碍卫生间门无显著标识，难以辨认；
2. 无障碍门开启方向错误，缺失横置扶手及观察窗，缺失护门板；
3. 施工单位对无障碍标准理解不到位；
4. 不符合《建筑与市政工程无障碍通用规范》GB 55019—2021 第 2.5.1 条、第 2.5.4 条、第 2.5.9 条、第 3.2.3 条及《无障碍设计规范》GB 50763—2012 第 3.5.3 条规定。

规范标准要求

1.《建筑与市政工程无障碍通用规范》GB 55019—2021 第 2.5.1 条规定：满足无障碍要求的门应可以被清晰辨认，并应保证方便开关和安全通过；第 2.5.4 条规定：平开门的门扇外侧和里侧均应设置扶手，扶手应保证单手握拳操作，操作部分距地面高度应为 0.85m～1.00m；第 2.5.9 条规定：满足无障碍要求的双向开启的门应在可视高度部分安装观察窗，通视部分的下沿距地面高度不应大于 850mm；第 3.2.3 条规定：无障碍厕所应设置水平滑动式门或向外开启的平开门。

2.《无障碍设计规范》GB 50763—2012 第 3.5.3 条规定：平开门、推拉门、折叠门的门扇宜在距地 350mm 范围内安装护门板。

正确做法及防治措施

防治措施：
1. 熟悉掌握《建筑与市政工程无障碍通用规范》GB 55019—2021 和《无障碍设计规范》GB 50763—2012 的相关要求；
2. 严格进行图纸会审，规范无障碍设施做法；
3. 做好无障碍设施的质量策划、技术交底、检查验收等工作。

4 木门缺失门吸限位装置或防碰撞配件

质量问题及原因分析

问题描述及原因分析：
1. 木门缺失门吸限位装置或防碰撞配件；
2. 门窗安装技术交底中未明确各自配件的型号、规格和数量；
3. 操作人员未按要求清点各自配件数量；
4. 不符合《民用建筑通用规范》GB 55031—2022 第 6.5.3 条 第 2 款和《建筑装饰装修工程质量验收标准》GB 50210—2018 第 6.2.6 条的规定。

规范标准要求

1.《民用建筑通用规范》GB 55031—2022 第 6.5.3 条第 2 款规定：手动开启的大门扇应有制动装置……；
2.《建筑装饰装修工程质量验收标准》GB 50210—2018 第 6.2.6 条的规定：木门窗配件的型号、规格和数量应符合设计要求，安装应牢固，位置应正确，功能应满足使用要求。

正确做法及防治措施

防治措施：
1. 设计图纸上应注明门吸限位器或防碰撞配件的做法，明确配件选用、材质和安装位置；
2. 按照设计要求，采购合格的配件；
3. 依据安装说明书，在技术交底中明确各自配件的型号、规格和数量；
4. 操作人员按照交底要求清点配件，并正确安装。

5 金属窗框与墙间塞缝不实

质量问题及原因分析

问题描述及原因分析：
1. 金属窗框外侧与墙体之间的缝隙未填嵌饱满；
2. 侧边窗框与墙体之间缝隙发泡胶未填满；
3. 操作人员对技术交底中缝隙填嵌做法未充分理解或随意处置；
4. 不符合《建筑与市政工程防水通用规范》GB 55030—2022 第 4.5.3 第 1 款、《民用建筑通用规范》GB 55031—2022 第 6.5.2 条和《建筑装饰装修工程质量验收标》GB 50210—2018 第 6.3.7 条规定。

规范标准要求

1.《建筑与市政工程防水通用规范》GB 55030—2022 第 4.5.3 条第 1 款规定：门窗框与墙体间连接处的缝隙应采用防水密封材料嵌填和密封；
2.《民用建筑通用规范》GB 55031—2022 第 6.5.2 条规定：门窗与墙体连接应牢固，不同材料的门窗与墙体连接处应采取适宜的连接构造和密封措施；
3.《建筑装饰装修工程质量验收标准》GB 50210—2018 第 6.3.7 条规定：金属门窗框与墙体之间的缝隙应填嵌饱满，并应采用密封胶密封。密封胶表面应光滑、顺直、无裂纹。

正确做法及防治措施

防治措施：
1. 在进行外窗安装施工前，对洞口尺寸进行复核。复核完成后，进行窗框（或附框）安装。
2. 门窗塞缝工序应通过检查验收合格后进行下道工序。
3. 发泡胶须满填缝隙，超出门窗框外的发泡胶应在其固化前用手或专用工具压入缝隙中，严禁固化后用刀片切割。

6 外窗安装时塞缝发泡胶外露

质量问题及原因分析

问题描述及原因分析:
1. 外窗塞缝发泡胶外露,无人切割,处理不当,容易造成渗漏隐患;
2. 发泡胶施工后,施工人员疏忽,造成遗漏;
3. 不符合《建筑装饰装修工程质量验收标准》GB 50210—2018 第 6.4.4 条规定。

规范标准要求

《建筑装饰装修工程质量验收标准》GB 50210—2018 第 6.4.4 条规定:窗框与洞口之间的伸缩缝内应采用聚氨酯发泡胶填充,发泡胶填充应均匀、密实,发泡胶成型后不宜切割。表面应采用密封胶密封。密封胶应粘结牢固,表面应光滑、顺直、无裂纹。

正确做法及防治措施

防治措施:
1. 超出门窗框外的发泡胶应在其固化前用手或专用工具压入缝隙中,严禁固化后用刀片切割;
2. 对施工人员进行专业培训,提高施工技能和质量意识;
3. 定期对施工过程进行检查和监督,及时发现并解决问题。

7 砌体墙上直接使用射钉固定窗框

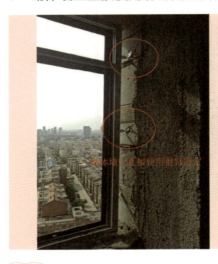

质量问题及原因分析

问题描述及原因分析：
1. 砌体墙上直接使用射钉固定窗框；
2. 操作人员未按技术交底要求施工；
3. 不符合《建筑装饰装修工程质量验收标准》GB 50210—2018 第 6.1.11 条和《铝合金门窗工程技术规范》JGJ 214—2010 第 7.3.3 条要求。

规范标准要求

1.《建筑装饰装修工程质量验收标准》GB 50210—2018 第 6.1.11 条规定：建筑外门窗安装必须牢固。在砌体上安装门窗严禁采用射钉固定；
2.《铝合金门窗工程技术规范》JGJ 214—2010 第 7.3.3 条规定：砌体墙不得使用射钉直接固定窗框。

正确做法及防治措施

防治措施：
1. 对门窗口的固定位置做好策划，绘出混凝土预埋块的布置图，并完成技术交底；
2. 砌墙时应将窗口混凝土固定块同步预埋在砌体中；
3. 窗框安装时按要求在混凝土固定块处固定窗框。

8　窗框预埋件及锚固件安装缺陷，排水孔堵塞

质量问题及原因分析

问题描述及原因分析：
1. 金属窗框的预埋件及锚固件的数量不足、固定位置存在偏差、锚固件安装不牢固；
2. 金属窗的窗框排水孔堵塞；
3. 窗框安装时未提前布局固定位置直接进行安装，窗框固定处未固定在混凝土基层上造成固定不牢；
4. 在施工过程中水泥砂浆等污染堵塞排水孔未清理；
5. 不符合《民用建筑通用规范》GB 55031—2022 第 6.5.2 条、《建筑与市政工程施工质量控制通用规范》GB 55032—2022 第 3.3.7 条第 2 款和《建筑装饰装修工程质量验收标准》GB 50210—2018 第 6.3.2 条和第 6.3.9 条规定。

 规范标准要求

1. 《民用建筑通用规范》GB 55031—2022 第 6.5.2 条规定：门窗与墙体连接应牢固，不同材料的门窗与墙体连接处应采取适宜的连接构造和密封措施；
2. 《建筑与市政工程施工质量控制通用规范》GB 55032—2022 第 3.3.7 条第 2 款规定：建筑外门窗应安装牢固……；
3. 《建筑装饰装修工程质量验收标准》GB 50210—2018 第 6.3.2 条规定：金属窗框和附框的安装应牢固预埋件及锚固件的数量、位置、埋设方式与框的连接方式应符合设计要求。第 6.3.9 条规定：排水孔应畅通，位置和数量应符合设计要求。

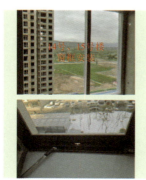

正确做法及防治措施

防治措施：
1. 施工前必须对作业人员进行技术交底，内容中应明确规定安装位置、固定点数量及固定方法；
2. 门窗固定处必须浇筑门窗框抱柱、窗台压顶等基层，保证窗框固定牢固；
3. 窗框安装完成后进行保护，防止其他施工对其造成破坏，抹灰掉落的砂浆及时进行清理，防止凝固后难以清理等。

9 常闭防火门未在明显位置设置提示标识

质量问题及原因分析

问题描述及原因分析：
1. 常闭防火门未在明显位置设置"保持防火门关闭"等提示标识；
2. 作业人员对规范理解不细致或工作有疏漏；
3. 不符合《建筑设计防火规范》GB 50016—2014（2018年版）第6.5.1条第2款的规定。

规范标准要求

《建筑设计防火规范》GB 50016—2014（2018年版）第6.5.1条第2款的规定（节选）：常闭防火门应在其明显位置设置"保持防火门关闭"等提示标识。

正确做法及防治措施

防治措施：
1. 防火门全部安装完毕后，及时在常闭防火门的明显位置设置"保持防火门关闭"等提示标识；
2. 验收前进行全数检查，发现遗漏，及时补装；
3. 标识粘贴应牢固、耐久。

10　防火门未在明显部位设置永久性标牌

质量问题及原因分析

问题描述及原因分析：
1. 防火门未在明显部位设置永久性标牌；
2. 作业人员对规范要求掌握不足，进场验收时工作有疏漏；
3. 不符合《防火卷帘、防火门、防火窗施工及验收规范》GB 50877—2014 第 4.3.2 条的规定。

规范标准要求

《防火卷帘、防火门、防火窗施工及验收规范》GB 50877—2014 第 4.3.2 条规定：每樘防火门均应在其明显部位设置永久性标牌，并应标明产品名称、型号、规格、耐火性能及商标、生产单位（制造商）名称和厂址、出厂日期及产品生产批号、执行标准等。

正确做法及防治措施

防治措施：
1. 防火门定制采购时，采购单位要与防火门厂家合同约定好，永久性标牌随门到场；
2. 现场在防火门安装完成后，及时在明显位置安装好标牌。

11 防火卷帘手动拉链未预留

质量问题及原因分析

问题描述及原因分析：
1. 防火卷帘未设置预留口伸出手动拉链；
2. 设计图纸未明确说明，施工单位未发现图纸缺陷；
3. 操作人员施工时未留意手动拉链问题；
4. 不符合《防火卷帘、防火门、防火窗施工及验收规范》GB 50877—2014 第 5.2.6 条第 2 款规定。

规范标准要求

《防火卷帘、防火门、防火窗施工及验收规范》GB 50877—2014 第 5.2.6 条第 2 款规定：卷门机应设有手动拉链和手动速放装置，其安装位置应便于操作，并应有明显标志。手动拉链和手动速放装置不应加锁，且应采用不燃或难燃材料制作。

正确做法及防治措施

防治措施：
1. 装饰顶板施工时根据防火卷帘手动拉链位置提前开孔；
2. 安装防火卷帘后应及时进行调试，确保各项使用功能正常。

12　防火门门缝过大

质量问题及原因分析

问题描述及原因分析：
1. 防火门缝过大；
2. 门扇安装时修刨量过大；
3. 合页开槽深浅不一；
4. 不符合《建筑装饰装修工程质量验收标准》GB 50210—2018 第 6.2.12 条和《防火卷帘、防火门、防火窗施工及验收规范》GB 50877—2014 第 5.3.10 条的要求。

规范标准要求

1.《建筑装饰装修工程质量验收标准》GB 50210—2018 第 6.2.12 条规定：平开木门窗安装的留缝限值，允许偏差和检验方法应符合表 6.2.12 的规定，其中门窗扇与合页侧框间留缝 1mm～3mm；
2.《防火卷帘、防火门、防火窗施工及验收规范》GB 50877—2014 第 5.3.10 条规定：
防火门门扇与门框的配合活动间隙应符合下列规定：

1. 门扇与门框有合页一侧的配合活动间隙不应大于设计图纸规定的尺寸公差。
2. 门扇与门框有锁一侧的配合活动间隙不应大于设计图纸规定的尺寸公差。
3. 门扇与上框的配合活动间隙不应大于 3mm。
4. 双扇、多扇门的门扇之间缝隙不应大于 3mm。
5. 门扇与下框或地面的活动间隙不应大于 9mm。
6. 门扇与门框贴合面间隙、门扇与门框有合页一侧、有锁一侧及上框的贴合面间隙,均不应大于 3mm。

正确做法及防治措施

防治措施:
1. 加强基本功训练,并在操作实践中注意积累经验。
2. 如直接修刨把握不大时,可根据缝隙大小,在门扇上画出应修刨的位置。修刨时不吃线,要留有一定修理余地。
3. 安装对扇,应先将对扇口裁出。裁口缝要直、严,里外一致。在中梃位置,向等扇的一边赶半个裁口画线,让扇的中缝对准此点,然后再在四周画线进行修刨。
4. 合页槽要深浅一致。

第3章 建筑装饰装修

13 卷帘门下未设置警示标志

消防设施无标识

质量问题及原因分析

问题描述及原因分析：
1. 卷帘门下未设置警示标志；
2. 对标准规范的规定掌握有欠缺；
3. 施工人员对标志标识安装的关注度不足；
4. 不符合《消防设施通用规范》GB 55036—2022 第 2.0.10 条要求。

 规范标准要求

《消防设施通用规范》GB 55036—2022 第 2.0.10 条规定：消防设施上或附近应设置区别于环境的明显标识，说明文字应准确、清楚且易于识别，颜色、符号或标志应规范。手动操作按钮等装置处应采取防止误操作或被损坏的防护措施。

正确做法及防治措施

防治措施：
1. 加强有关消防设施的标准规范的学习，掌握其内容和具体规定，提高对标志标识的重视；
2. 消防设施的安装过程和质量验收应符合通用规范的要求。

14 全玻璃门未设置防撞提示

质量问题及原因分析

问题描述及原因分析：
1. 全玻璃门无醒目的防撞标识；
2. 施工图未明确全玻门的具体标识做法；
3. 施工人员对相关标准了解不细致；
4. 不符合《民用建筑通用规范》GB 55031—2022 第 6.5.5 条和《建筑与市政工程无障碍通用规范》GB 55019—2021 第 2.5.6 条的要求。

规范标准要求

1.《民用建筑通用规范》GB 55031—2022 第 6.5.5 条规定：全玻璃的门和落地窗应选用安全玻璃，并应设防撞提示标识；
2.《建筑与市政工程无障碍通用规范》GB 55019—2021 第 2.5.6 条规定：全玻璃门应选用安全玻璃或采取防护措施，并应采取醒目的防撞提示措施；开启扇左右两侧为玻璃隔断时，门应与玻璃隔断在视觉上显著区分开，玻璃隔断并应采取醒目的防撞提示措施；防撞提示应横跨玻璃门或隔断，距地面高度应为 0.85m～1.50m 之间。

正确做法及防治措施

防治措施：
1. 强化标准规范的学习培训；
2. 做好样板引路，样板验收后方可大面积施工。

3.4.2 门窗节能

1 窗缝漏风

质量问题及原因分析

问题描述及原因分析：
1. 窗框发泡胶未清除；
2. 窗框顶端多余发泡胶部位漏风；
3. 窗缝处注发泡胶时，操作人员未将窗缝封闭严密，多余胶未及时清理；
4. 不符合《建筑节能与可再生能源利用通用规范》GB 55015—2021 第 6.2.13 条第 1、2 款，《建筑装饰装修工程质量验收标准》GB 50210—2018 第 6.3.7 条和《建筑节能工程施工质量验收标准》GB 50411—2019 第 6.3.1 条要求。

 规范标准要求

1.《建筑节能与可再生能源利用通用规范》GB 55015—2021 第 6.2.13 条规定：1）外门窗框或附框与洞口之间、窗框与附框之间的缝隙应有效密封；2）门窗关闭时，密封条应接触严密。
2.《建筑装饰装修工程质量验收标准》GB 50210—2018 第 6.3.7 条规定：金属门窗框与墙体之间的缝隙应填嵌饱满，并应采用密封胶密封。密封胶表面应光滑、顺直、无裂纹。
3.《建筑节能工程施工质量验收标准》GB 50411—2019 第 6.3.1 条规定：门窗扇密封条和玻璃镶嵌的密封条，其物理性能应符合相关标准中的要求。密封条安装位置应正确，镶嵌牢固，不得脱槽。接头处不得开裂。关闭门窗时密封条应接触严密。

正确做法及防治措施

防治措施：
1. 发泡胶打胶过程中细致严密，打胶后及时收口，清理多余发泡胶；
2. 装饰工程完工后在发泡缝隙处打密封胶。

2　门窗玻璃安装不牢固、平面内歪斜、密封不严

质量问题及原因分析

问题描述及原因分析：
1. 门窗玻璃安装不牢固、平面内歪斜；
2. 玻璃边嵌入槽口深度不够，造成玻璃嵌固不牢；
3. 玻璃安装时未校正，导致放置不正，平面内歪斜，玻璃结构胶黑边不平直；
4. 玻璃底部未放垫块，或垫块放置不当；
5. 不符合《建筑装饰装修工程质量验收标准》GB 50210—2018 第 6.3.7 条和《建筑节能工程施工质量验收标准》GB 50411—2019 第 6.3.1 条规定。

规范标准要求

1.《建筑装饰装修工程质量验收标准》GB 50210—2018 第 6.3.7 条规定：金属门窗框与墙体之间的缝隙应填嵌饱满，并应采用密封胶密封。密封胶表面应光滑、顺直、无裂纹。
2.《建筑节能工程施工质量验收标准》GB 50411—2019 第 6.3.1 条规定：门窗扇密封条和玻璃镶嵌的密封条，其物理性能应符合相关标准中的要求。密封条安装位置应正确，镶嵌牢固，不得脱槽。接头处不得开裂。关闭门窗时密封条应接触严密。

正确做法及防治措施

防治措施：

1. 玻璃不得直接接触型材，应在玻璃四周布设垫块，中空玻璃的垫块宽度应与中空玻璃的厚度相匹配，其垫块位置应符合设计要求。竖框扇上的垫块，应用胶固定。
2. 高宽比大于 2 的玻璃，左右侧边宜各放置一块限位垫块，以保证玻璃位置平正。
3. 当安装玻璃密封条时，密封条应比压条略长，密封条与玻璃及玻璃槽口的接触应平整，不得卷边、脱槽密封条断口接缝应粘接。
4. 玻璃装入框、扇后，应用玻璃压条将其固定，玻璃压条必须与玻璃全部贴紧，压条与型材的接缝处应无明显缝隙，压条角部对接缝隙应小于 1mm，不得在一边使用 2 根（含 2 根）以上的压条，且压条应在室内侧。

3　门窗打胶开裂、起鼓、不平直，表面粗糙

质量问题及原因分析

问题描述及原因分析：
1. 密封胶打胶开裂、起鼓；
2. 密封胶打胶不平直，表面粗糙；
3. 密封胶转角打胶接合不顺畅；
4. 密封胶条搭接处未粘牢，接头开裂；
5. 基层未清理或清理不彻底；
6. 打胶部位两侧的窗框及墙面未用遮蔽条遮盖；
7. 不符合《建筑装饰装修工程质量验收标准》GB 50210—2018 第 6.3.7 条和《建筑节能工程施工质量验收标准》GB 50411—2019 第 6.2.4 条规定。

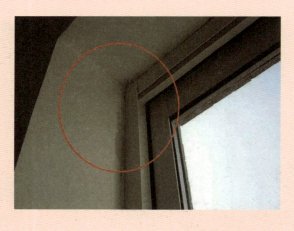

规范标准要求

1.《建筑装饰装修工程质量验收标准》GB 50210—2018 第 6.3.7 条规定：金属门窗框与墙体之间的缝隙应填嵌饱满，并应用密封胶密封，密封胶表面应光滑、顺直、无裂纹；
2.《建筑节能工程施工质量验收标准》GB 50411—2019 第 6.2.4 条规定：外门窗框或附框与洞口之间的间隙应采用弹性闭孔材料填充饱满，并进行防水密封，夏热冬暖地区、温和地区当采用防水砂浆填充间隙时，窗框与砂浆间应用密封胶密封；外门窗框与附框之间的缝隙应使用密封胶密封。

正确做法及防治措施

防治措施：
1. 打胶前应将窗框表面清理干净，打胶部位两侧的窗框及墙面均应用遮蔽条遮盖严密。
2. 注胶应平整密实，胶缝宽度均匀、表面光滑、整洁美观。打胶面应平直、表面光顺，刮胶缝的余胶不得重复使用，转角应平顺过渡。对不平直、不饱满、不光顺的胶面用专用工具修胶。打胶前应做样板，验收合格再大面积打胶。
3. 非打胶面应贴美纹纸保护，防止胶污染。对宽窄不一、薄厚不匀、飞边、毛刺的胶面用专用工具修胶。
4. 密封胶粘接面必须清理干净，不能有灰尘、油污，保证胶与粘接面可靠粘结。

4 密封条不严密、不顺直

质量问题及原因分析

问题描述及原因分析：
1. 窗框密封条不严密，不顺直；
2. 操作人员未按技术交底要求进行密封条的嵌固工作，操作较随意；
3. 不符合《建筑装饰装修工程质量验收标准》GB 50210—2018 第 6.3.7 条和《建筑节能工程施工质量验收标准》GB 50411—2019 第 6.3.1 条规定。

规范标准要求

1.《建筑装饰装修工程质量验收标准》GB 50210—2018 第 6.3.7 条规定：金属门窗框与墙体之间的缝隙应填嵌饱满，并应用密封胶密封，密封胶表面应光滑、顺直、无裂纹；
2.《建筑节能工程施工质量验收标准》GB 50411—2019 第 6.3.1 条规定：门窗扇密封条和玻璃镶嵌的密封条，其物理性能应符合相关标准中的要求。密封条安装位置应正确，镶嵌牢固，不得脱槽。接头处不得开裂。关闭门窗时密封条应接触严密。

正确做法及防治措施

防治措施：
1. 应选择物理性能符合相关标准要求的密封条；
2. 操作人员应按技术交底的要求，切实将密封条嵌固入槽，且接头严密；
3. 对安装不合格的密封条应及时更换。

3.5 吊顶

1 吊顶末端点位排布不合理

质量问题及原因分析

问题描述及原因分析：
1. 吊顶末端点位综合排布不和谐、美观，整体观感效果较差；
2. 相关安装专业的末端点位未深化设计、综合排布，施工时末端点位定位不精准；
3. 不满足《建筑装饰装修工程质量验收标准》GB 50210—2018 第 7.2.7 条要求。

规范标准要求

《建筑装饰装修工程质量验收标准》GB 50210—2018 第 7.2.7 条规定：面板上的灯具、烟感器、喷淋头、风口箅子和检修口等设备设施的位置应合理、美观，与面板的交接应吻合、严密。

正确做法及防治措施

防治措施：
1. 精装修专业与相关安装专业协同进行深化设计，做好吊顶末端点位综合排布图；
2. 由精装修专业依据确认好的综合排布图，统一测量放线，统一留设；
3. 末端点位留设完成后，组织相关专业共同验收，确保末端点位定位留设精准。

2 板块吊顶未按规范设置反向支撑

质量问题及原因分析

问题描述及原因分析：
1. 板块吊顶未按规范设置反向支撑；
2. 深化设计不到位；
3. 施工前与工人技术交底不彻底，不明确；
4. 不符合《民用建筑通用规范》GB 55031—2022 第 6.4.3 条等规范规定。

规范标准要求

1.《民用建筑通用规范》GB 55031—2022 第 6.4.3 条规定：吊杆长度大于 1.5m 时，应设置反支撑。
2.《建筑装饰装修工程质量验收标准》GB 50210—2018 第 7.1.11 条规定：吊杆距主龙骨端部距离不得大于 300mm。当吊杆长度大于 1500mm 时，应设置反支撑。第 7.1.14 条规定：吊杆长度大于 2500m 时，应设有钢结构转换层。
3.《公共建筑吊顶工程技术规程》JGJ 345—2014 第 4.2.3 条规定：当吊杆长度大于 1500mm 时，应设置反支撑。反支撑间距不宜大于 3600mm，距墙不应大于 1800mm。反支撑应相邻对向设置。当吊杆长度大于 2500mm 时，应设置钢结构转换层。

正确做法及防治措施

防治措施：
1. 应针对反向支撑和钢结构转换层进行深化设计，按规范要求设置反向支撑（本栏上图）或转换层（本栏下图）；
2. 施工前对工人认真进行技术交底，落实深化设计和规范要求；
3. 对反向支撑或转换层做好隐蔽验收；
4. 加强工程质量巡查，完善施工过程的实时监测，及时发现及时整改。

3 吊杆距主龙骨端部过大

质量问题及原因分析

问题描述及原因分析：
1. 吊杆距主龙骨端部大于300mm，吊顶易下挠；
2. 技术交底落实不到位，管理人员现场监管不力；
3. 不符合《建筑装饰装修工程质量验收标准》GB 50210—2018 第 7.1.11 条和《公共建筑吊顶工程技术规程》JGJ 345—2014 第 5.2.1 条规定要求。

规范标准要求

1.《建筑装饰装修工程质量验收标准》GB 50210—2018 第 7.1.11 条规定：吊杆距主龙骨端部距离不得大于 300mm；
2.《公共建筑吊顶工程技术规程》JGJ 345—2014 第 5.2.1 条规定：主龙骨端头吊点距主龙骨边端间距大应为 300mm，端排吊点距侧墙间距不应大于 200mm。

正确做法及防治措施

防治措施：
1. 深化设计应合理排布吊杆的点位，吊杆距主龙骨端部距离不应大于 300mm；
2. 当吊杆距主龙骨端部大于规范要求时，应增加吊杆；
3. 吊顶隐蔽前，应严格检查验收。

4 整体吊顶与墙面交接处开裂

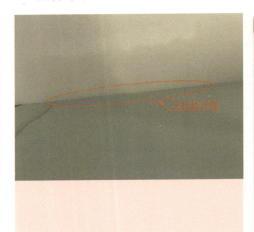

质量问题及原因分析

问题描述及原因分析：
1. 石膏板吊顶与墙面交接处开裂；
2. 石膏板吊顶与墙面交接处未采取防裂措施，导致交接处开裂；
3. 不满足《建筑装饰装修工程质量验收标准》GB 50210—2018 第 7.2.6 条要求。

规范标准要求

《建筑装饰装修工程质量验收标准》GB 50210—2018 第 7.2.6 条规定：面层材料表面应洁净、色泽一致，不得有翘曲、裂缝及缺损。

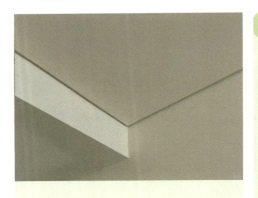

正确做法及防治措施

防治措施：
1. 深化设计应策划整体吊顶与墙面的防开裂措施，可预留 10mm 宽的抗裂缝；
2. 抗裂缝内可内嵌成品铝合金条，保证缝隙均匀顺直、观感清爽；
3. 技术交底应明确抗裂缝的设置位置，施工过程中应加强检查验收。

5 螺钉距板面纸包封或切割的板边距离过大

质量问题及原因分析

问题描述及原因分析：
1. 螺钉距板面纸包封或切割板边距离过大；
2. 施工前与工人技术交底不彻底，不明确；
3. 施工过程中，操作人员安装操作不规范；
4. 不符合《公共建筑吊顶工程技术规程》JGJ 345—2014 第 5.2.6 条规定。

 规范标准要求

《公共建筑吊顶工程技术规程》编号为 JGJ 345—2014 第 5.2.6 条规定：纸面石膏板四周自攻螺钉间距不应大于 200mm；板中沿次龙骨或横撑龙骨方向自攻螺钉间距不应大于 300mm；螺钉距板面纸包封的板边宜为 10mm～15mm；螺钉距板面切割的板边应为 15mm～20mm。

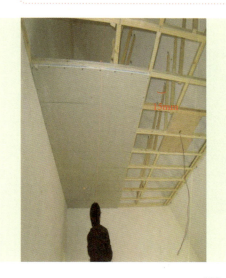

正确做法及防治措施

防治措施：
1. 施工方案中应明确纸面石膏板四周自攻螺钉间距、板中沿次龙骨或横撑龙骨方向自攻螺钉间距、螺钉距板面纸包封的板边距等规范要求；
2. 认真落实吊顶施工技术要点，施工前对工人认真进行技术交底，落实规范要求；
3. 加强工程质量检查，完善施工过程的实时监测，发现问题及时整改。

6 石膏板多阶造型板面通缝布置产生裂缝

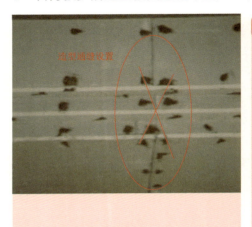

质量问题及原因分析

问题描述及原因分析：
1. 石膏板多阶造型板面通缝安装，造成面层裂缝；
2. 操作人员未按技术交底要求施工，布板随意；
3. 不符合《建筑装饰装修工程质量验收标准》GB 50210—2018 第 7.2.5 条和第 7.2.6 条规定。

规范标准要求

《建筑装饰装修工程质量验收标准》GB 50210—2018 第 7.2.5 规定：石膏板、水泥纤维板的接缝应按其施工工艺标准进行板缝防裂处理。安装双层板时，面层板与基层板的接缝应错开，并不得在同一根龙骨上接缝。第 7.2.6 规定：面层材料表面应洁净、色泽一致，不得有翘曲、裂缝及缺损。压条应平直、宽窄一致。

正确做法及防治措施

防治措施：
1. 多阶之间安装石膏板必须错缝固定，互相之间要一根龙骨以上的距离；
2. 加强现场质量巡查，发现问题，及时整改。

7 整体面层吊顶未设置伸缩缝

质量问题及原因分析

问题描述及原因分析：
1. 整体面层吊顶未设置伸缩缝；
2. 施工图未明确伸缩缝位置以及做法；
3. 施工单位审图时未发现应设置伸缩缝的问题；
4. 不符合《公共建筑吊顶工程技术规程》JGJ 345—2014 第 4.2.7 条规定。

规范标准要求

《公共建筑吊顶工程技术规程》JGJ 345—2014 第 4.2.7 条规定：大面积或狭长形的整体面层吊顶、密拼缝处理的板块面层吊顶同标高面积大于 100m^2 时，或单向长度方向大于 15m 时应设置伸缩缝。当吊顶遇建筑伸缩缝时，应设计与建筑变形量相适应的吊顶变形构造做法。

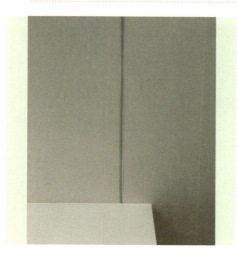

正确做法及防治措施

防治措施：
1. 认真进行图纸会审，提早发现施工图伸缩缝缺失问题；
2. 根据标准图集以及规范要求合理布设伸缩缝；
3. 伸缩缝设置应既要考虑美观实用还要满足规范要求。

8　板块吊顶接缝不平整

质量问题及原因分析

问题描述及原因分析：
1. 板块吊顶接缝不平整，呈波浪形；
2. 板块吊顶未进行排板深化设计，次龙骨安装间距控制不精准；
3. 不满足《建筑装饰装修工程质量验收标准》GB 50210—2018 第 7.3.6 条要求。

规范标准要求

《建筑装饰装修工程质量验收标准》GB 50210—2018 第 7.3.6 条规定：板块面层材料表面应洁净、色泽一致，不得有翘曲、裂缝及缺损；面板与龙骨的搭接应平整、吻合，压条应平直、宽窄一致。

正确做法及防治措施

防治措施：
1. 板块吊顶应预先进行排板深化设计，单块板块的面积不宜过大，禁止出现小条板块；
2. 吊顶施工应精准控制轻钢龙骨安装位置，板块安装应接缝平整、吻合，较大面积的板块可采用背筋或方管做加强处理，防止变形；
3. 板块在运输、储存过程中，应采取保护措施防止变形；
4. 加强吊顶隐蔽验收，确保吊挂、构件等无松动。

9 板块面层吊顶线条不顺直,板面不平整

质量问题及原因分析

问题描述及原因分析:
1. 板块面层吊顶主龙骨、次龙骨纵横方向线条不平直,板面不平整;
2. 吊杆、主龙骨的间距大于1200mm,主龙骨中间部分未起拱;
3. 吊点横纵不在直线上;
4. 吊杆长度大于1.5m时未按规定加设反向支撑或转换支撑;
5. 不符合《民用建筑通用规范》GB 55031—2022 第6.4.3条和《建筑装饰装修工程质量验收标准》GB 50210—2018 第7.3.4条、第7.3.8条和第7.3.10条规定。

规范标准要求

1. 《民用建筑通用规范》GB 55031—2022 第6.4.3条规定:吊杆长度大于1.5m时,应设置反支撑。
2. 《建筑装饰装修工程质量验收标准》GB 50210—2018 第7.3.4条规定:吊杆和龙骨的材质、规格、安装间距及连接方式应符合设计要求。第7.3.8条规定:金属龙骨的接缝应平整、吻合、颜色一致,不得有划伤和擦伤等表面缺陷。第7.3.10条规定:板块面层吊顶工程安装的允许偏差和检验方法应符合表7.3.10条的规定。

角钢转换层做法

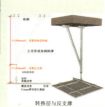
转换层与反支撑

正确做法及防治措施

防治措施:
1. 吊杆、主龙骨的间距不应大于1200mm,主龙骨中间部分应适当起拱,起拱高度应符合设计要求;
2. 吊点横纵应在直线上,当不能避开灯具、设备及管道时,应调整吊点位置或增加吊点或采用钢结构转换层;
3. 吊杆长度大于1.5m时应按规定加设反向支撑或转换支撑。

10　吊顶格栅分隔不均、弯曲破坏

质量问题及原因分析

问题描述及原因分析：
1. 格栅分格不均或不正，主要由于基础墙面不方正或横竖格栅交叉处开口不垂直产生；
2. 照明灯具过重或成品格栅被挤压破坏，导致表面不平、有塌陷、起拱现象；
3. 不符合《建筑装饰装修工程质量验收标》GB 50210—2018 第 7.4.5 条规定。

规范标准要求

《建筑装饰装修工程质量验收标准》GB 50210—2018 第 7.4.5 条规定：格栅表面应洁净、色泽一致，不得有翘曲、裂缝及缺损。栅条角度应一致，边缘应整齐，接口应无错位。压条应平直、宽窄一致。

正确做法及防治措施

防治措施：
1. 安装木格栅骨架前，应对基础墙面进行找方处理，如误差不大可用腻子刮墙面找方，如误差较大时，则应先垫木板后，再用腻子找平；
2. 在横竖龙骨格栅开槽搭接时，必须保证垂直，否则应进行修理后安装；
3. 施工期间做好成品保护；
4. 合理安排工序，避免工序倒置情况导致格栅被破坏。

11　格栅吊顶直线度不足

质量问题及原因分析

问题描述及原因分析：
1. 格栅吊顶直线度不足；
2. 格栅片运输存放方法不当，导致弯曲；
3. 施工前与工人技术交底不彻底，不明确；
4. 施工过程中，工人安装操作不规范；
5. 不符合《公共建筑吊顶工程技术规程》JGJ 345—2014 第 6.4.11 条规定。

规范标准要求

《公共建筑吊顶工程技术规程》JGJ 345—2014 第 6.4.11 条规定：金属格栅吊顶直线度应控制在 2mm 内。

正确做法及防治措施

防治措施：
1. 做好进场验收，妥善存放；
2. 施工前对工人认真进行技术交底，落实规范要求；
3. 安装时应标注好格栅片的位置，并按位置安装；
4. 加强工程质量巡查，完善施工过程的实时监测，及时发现及时整改。

12　金属铝格栅观感质量差，与设备末端结合不吻合

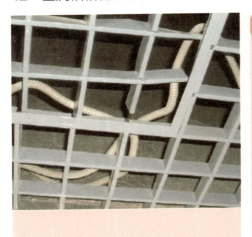

质量问题及原因分析

问题描述及原因分析：
1. 金属铝格栅安装之后观感质量差，灯线管清晰可见，接缝不平，与设备结合不吻合等；
2. 前期策划不到位，深化设计深度和范围不足；
3. 施工技术交底不到位；
4. 工序安排不细致，各专业未进行工作面交接；
5.《建筑装饰装修工程质量验收标准》GB 50210—2018 第 7.4.5 条和第 7.4.6 条规定。

规范标准要求

《建筑装饰装修工程质量验收标准》GB 50210—2018 第 7.4.5 条规定：格栅表面应洁净、色泽一致，不得有翘曲、裂缝及缺损栅条角度应一致，边缘应整齐，接口应无错位。压条应平直、宽窄一致。第 7.4.6 条规定：吊顶的灯具、烟感器、喷淋头、风口箅子和检修口等设备设施的位置应合理、美观，与格栅的套割交接处应吻合、严密。

正确做法及防治措施

防治措施：
1. 确定铝格栅吊顶内的工作内容；
2. 合理安排工序，各专业应依次进行；
3. 水电安装专业隐蔽验收工作应全部完成；
4. 安装铝格栅时，一定要进行各专业隐蔽会签，确认各专业全部完成后方可进行。

3.6 轻质隔墙

1 装配式建筑物内隔墙条板之间缝隙未填满灌实

质量问题及原因分析

问题描述及原因分析：
1. 装配式建筑物内隔墙条板之间缝隙未填满灌实；
2. 深化设计排板有较多非标尺寸板，且未明确内隔墙条板之间缝隙要求；
3. 施工时未及时按要求将拼缝填满灌实；
4. 不符合《建筑轻质条板隔墙技术规程》JGJ/T 157—2014 第5.3.1 条第 7 款的要求。

规范标准要求

《建筑轻质条板隔墙技术规程》JGJ/T 157—2014 第 5.3.1 条第 7 款的要求：板与板之间的对接缝隙内应填满、灌实粘结材料，板缝间隙应揉挤严密，被挤出的粘结材料应刮平匀实。

正确做法及防治措施

防治措施：
1. 设计时应采用模数化设计，杜绝碎板、小板，减少施工二次优化工作量和排板难度，明确建筑物内隔墙条板之间缝隙填缝材料及要求；
2. 施工单位按排板策划方案安装内墙板，对板与板之间的对接缝隙内填满、灌实粘结材料，过程中加强检查及时纠偏。

2 隔墙板未错缝安装

质量问题及原因分析

问题描述及原因分析：
1. 未熟悉施工现场，施工排板不到位；
2. 施工交底不到位，现场检查缺失；
3. 作业班组未按设计要求进行施工；
4.《建筑装饰装修工程质量验收标准》GB 50210—2018 第 8.2.5 条和《建筑轻质条板隔墙技术规程》JGJ/T 157—2014 第 4.3.1 条的规定。

规范标准要求

1.《建筑装饰装修工程质量验收标准》GB 50210—2018 第 8.2.5 条规定：隔墙板材安装位置应正确，板材不应有裂缝或缺损；
2.《建筑轻质条板隔墙技术规程》JGJ/T 157—2014 第 4.3.1 条规定：当单层条板隔墙采取接板安装且在限高以内时，竖向接板不宜超过一次，且相邻条板接头位置应至少错开300mm。条板对接部位应设置连接件或定位钢卡，做好定位、加固和防裂处理。双层条板隔墙宜按单层条板隔墙的施工工法进行设计。

正确做法及防治措施

防治措施：
1. 做好深化设计工作，明确错缝排板布置；
2. 做好技术交底，使操作人员掌握安装要求；
3. 加强过程管控，安排专业质检人员跟踪巡查，确保作业人员按设计要求进行施工。

3 隔墙穿心龙骨接头无铆钉连接

质量问题及原因分析

问题描述及原因分析：
1. 隔墙穿心龙骨接头无铆钉连接；
2. 技术交底中龙骨安装连接要求不细致；
3. 施工人员意识不够或分项工艺掌握不够；
4. 现场监督检查不到位；
5. 不符合《建筑装饰装修工程质量验收标准》GB 50210—2018 第 8.3.3 条规定。

规范标准要求

《建筑装饰装修工程质量验收标准》GB 50210—2018 第 8.3.3 条规定：骨架隔墙中龙骨间距和构造连接方法应符合设计要求。

正确做法及防治措施

防治措施：
1. 在做每个分项之前应做详细的技术交底，过程中加强质量监控；
2. 隔墙穿心龙骨接头处应用铆钉连接牢固，穿心龙骨与竖龙骨连接处应用卡托卡好；
3. 轻钢龙骨隐蔽前，应加强施工过程的检查验收，对穿心龙骨的连接固定应逐点检查。

4 骨架隔墙龙骨间距过大、填充棉松动

质量问题及原因分析

问题描述及原因分析：
1. 骨架隔墙龙骨间距过大、填充棉松动；
2. 为避开安装的管线导致龙骨间距过大；
3. 龙骨基层隔声棉填塞随意，填充不密实，固定不牢固，出现棉块松动；
4. 不符合《建筑装饰装修工程质量验收标》GB 50210—2018 第 8.3.3 条和第 8.3.9 条规定。

规范标准要求

《建筑装饰装修工程质量验收标准》GB 50210—2018 第 8.3.3 条规定：骨架隔墙中龙骨间距和构造连接方法应符合设计要求。骨架内设备管线的安装、门窗洞口等部位加强龙骨的安装应牢固、位置正确。填充材料的品种、厚度及设置应符合设计要求。第 8.3.9 条规定：骨架隔墙内的填充材料应干燥，填充应密实、均匀、无下坠。

正确做法及防治措施

防治措施：
1. 安装前对龙骨位置进行画线标注，如遇管线冲突状况，调整间距，在安装管线处增加加固框保证整体强度；
2. 龙骨基层制作可靠近实体墙体，岩棉板填充应密实，固定牢固，无松动。岩棉厚度适当增大。

5　加气块墙面骨架安装用普通膨胀螺栓固定

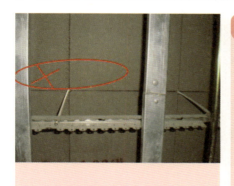

质量问题及原因分析

问题描述及原因分析：
1. 加气块墙面采用普通膨胀螺栓固定，不牢固；
2. 未制定合理有效的施工方案，对于墙体材质不了解；
3. 施工期间管理人员未进行跟踪检查，检测使用膨胀螺栓的拉结牢度；
4. 作业班组在施工时未考虑使用膨胀螺栓是否牢固；
5. 不符合《建筑装饰装修工程质量验收标准》GB 50210—2018 第 8.3.3 条要求。

规范标准要求

《建筑装饰装修工程质量验收标准》GB 50210—2018 第 8.3.3 条规定：骨架隔墙中龙骨间距和构造连接方法应符合设计要求。

正确做法及防治措施

防治措施：
1. 项目部应对加气块墙面施工制定方案，考虑到墙体的材质特性；
2. 考虑到加气块墙体松、气孔大的特点，应采用穿墙螺栓固定墙面锚固点，墙面两侧固定点处应加铁板，可用穿心螺钉两面加固的做法；
3. 也可采用植筋胶方式，即直接在加气块墙上打 80~120mm 深的孔，注入土建使用的植筋胶，直接插入丝杆即可；
4. 项目部应熟悉各种材质墙体的特点，正确选用可行的预埋材料。

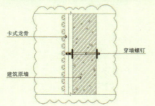

6 轻钢龙骨隔墙门框变形

质量问题及原因分析

问题描述及原因分析：
1. 轻钢龙骨隔墙门框四周加固不到位，出现门框变形，门框附近饰面出现开裂现象；
2. 施工管理人员对设计和标准图集掌握不足，技术交底不清；
3. 施工人员未按技术交底要求施工；
4. 不符合《建筑装饰装修工程质量验收标准》GB 50210—2018 第8.3.3条要求。

规范标准要求

《建筑装饰装修工程质量验收标准》GB 50210—2018 第8.3.3条规定：骨架隔墙中龙骨间距和构造连接方法应符合设计要求。骨架内设备管线的安装、门窗洞口等部位加强龙骨的安装应牢固、位置正确。

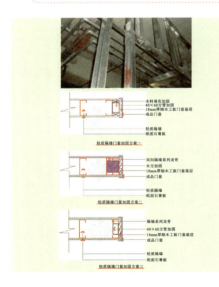

正确做法及防治措施

防治措施：
1. 门框四周用方管加固（比如40×60钢方管或8号槽钢，可视墙的厚度而定），竖向的钢架要到顶；（见图方案一和方案三）；
2. 对于较轻的门采用2根竖龙对扣，中间填实木方，再用螺钉将木方与竖龙固定在一起（见图方案二）；
3. 管理人员应掌握设计要求和标准图集的内容；编制好详细的节点方案并交底；
4. 做好现场巡查和验收。

7　设备机房吸声板与地面接触处受潮变黄

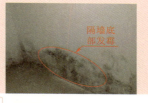

隔墙底部发霉

质量问题及原因分析

问题描述及原因分析：
1. 设备机房吸声板与地面接触处受潮变黄；
2. 吸声板墙面未按设计要求做隔潮墙垫，直接将矿棉吸声板与地面接触，使得机房地面水汽渗入墙内矿棉层和面板，导致吸声层受潮发霉；
3. 不符合《建筑装饰装修工程质量验收标准》GB 50210—2018 第 8.3.1 条规定和《轻钢龙骨石膏板隔墙、吊顶》07CJ03-1 总说明第 4.5 条规定要求。

规范标准要求

1.《建筑装饰装修工程质量验收标准》GB 50210—2018 第 8.3.1 条规定：骨架隔墙所用龙骨、配件、墙面板、填充材料及嵌缝材料的品种、规格、性能和木材的含水率应符合设计要求；有隔声、隔热、阻燃和防潮等特殊要求的工程，材料应有相应性能等级的检验报告；
2.《轻钢龙骨石膏板隔墙、吊顶》07CJ03-1 总说明第 4.5 条要求：对于潮湿房间底部应用 C20 细石素混凝土做墙垫。图集第 53 页提供了具体做法。

正确做法及防治措施

防治措施：
1. 领会施工图纸总说明中的内容，对于设备机房吸声墙面的做法，设计引用的标准图集应具体掌握；
2. 应从使用功能及耐久性的角度，理解设计意图；
3. 做好深化设计，明确设备机房吸声板与地面接触处的节点做法；
4. 按照设计和规范要求，做好施工方案和技术交底；
5. 施工中应按施工工序和质量要求操作，避免机房吸声板受潮变黄。

8 活动隔墙安装不牢固、推拉不畅

质量问题及原因分析

问题描述及原因分析：
1. 活动隔墙安装不牢固、推拉不畅；
2. 活动隔墙安装未按设计要求进行施工或荷载不符合设计要求；
3. 骨架及导轨连接五金安装不到位，活动隔墙移动、推拉不灵活；
4. 不符合《建筑装饰装修工程质量验收标准》GB 50210—2018 第 8.4.1 条～第 8.4.4 条的规定。

规范标准要求

《建筑装饰装修工程质量验收标准》GB 50210—2018 第 8.4.1 条规定：活动隔墙所用墙板、轨道、配件等材料的品种、规格性能和人造木板甲醛释放量、燃烧性能应符合设计要求。第 8.4.2 条规定：活动隔墙轨道应与基体结构连接牢固，并应位置正确。第 8.4.3 条规定：活动隔墙用于组装、推拉和制动的构配件应安装牢固位置正确，推拉应安全、平稳、灵活。第 8.4.4 条规定：活动隔墙的组合方式、安装方法应符合设计要求。

正确做法及防治措施

防治措施：
1. 面板系统安装质量必须符合设计要求；
2. 板材及五金应有相应的性能等级的检验报告，检查产品合格证、进场验收记录和性能检测报告等；
3. 轨道应牢固，线型平顺；滑轮转动灵活；活动隔墙安装应位置正确，行止灵活，无松动，推拉无噪声，符合设计要求。

3.7 饰面板（砖）

1 石材干挂件连接方式不正确

质量问题及原因分析

问题描述及原因分析：
1. 石材挂件与龙骨之间未采用螺栓连接，与石材之间采用云石胶粘结；
2. 干挂石材预先排板不精细，龙骨开孔不准确，石材漏上下端面未开槽，导致挂件与龙骨焊接，与石材粘结；
3. 不符合《建筑装饰装修工程质量验收标准》GB 50210—2018 第 9.2.3 条要求。

规范标准要求

《建筑装饰装修工程质量验收标准》GB 50210—2018 第 9.2.3 条规定：石板安装工程的预埋件（或后置件）、连接件的材质、数量、规格、位置、连接方法和防腐处理应符合设计要求；石板安装应牢固。

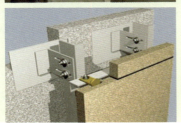

正确做法及防治措施

防治措施：
1. 干挂石材应预先做好排板深化设计，依据石材排板图，确定水平龙骨的螺栓孔开设位置和间距；
2. 依据排板图精准定位水平龙骨，与竖向龙骨满焊，并除渣防腐到位；
3. 石材上下端面开槽，距石材边缘15mm，每块板材上下端面至少二个固定点位，挂件卡片嵌入槽内；
4. 石材校正到位后，再将连接螺栓紧固到位，连接螺栓应配置垫片和弹簧垫圈。

2 暗藏式消火栓、管道井等石材面板门开启角度不足

质量问题及原因分析

问题描述及原因分析：
1. 消火栓饰面板门作为墙面石材的一部分，由于干挂结构尺寸与转轴位置协调不当，造成消火栓门开启角度不足 120°；
2. 饰面板墙面深化设计深度不足，未对管道井、设备小室和消火栓等暗藏式门具体构造做法进行具体设计，致使门扇开启不到位；
3. 不符合《建筑装饰装修工程质量验收标准》GB 50210—2018 第 9.2.3 条和《消防给水及消火栓系统技术规范》GB 50974—2014 第 12.3.10 条的规定。

规范标准要求

1.《建筑装饰装修工程质量验收标准》GB 50210—2018 第 9.2.3 条规定：石板安装工程的预埋件（或后置埋件）、连接件的材质数量、规格、位置、连接方法和防腐处理应符合设计要求。后置埋件的现场拉拔力应符合设计要求。石板安装应牢固。
2.《消防给水及消火栓系统技术规范》GB 50974—2014 第 12.3.10 条规定：消火栓箱门的开启不应小于 120°。

正确做法及防治措施

防治措施：
1. 消火栓箱安装前，应提前策划，与装饰单位配合，确定箱体位置、箱门开启方向。
2. 石材门扇处做法必须明确细化。对于转轴、拉手、定位器、钢架做法，石材门扇斜口、门扇打开角度、门扇反面做法等方面均需考虑到位。
3. 优化转轴的位置或采用多次转换，实现消防栓门开启角度大于 120°，箱门开启灵活，箱门外标识应清晰醒目，保证消火栓的正常使用。

3 墙面石材在楼内变形缝处未做处理

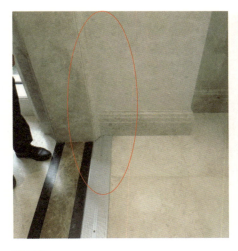

质量问题及原因分析

问题描述及原因分析：

1. 施工图中未明确要求设置墙面变形缝，施工单位图纸会审时未发现无墙面变形缝问题；
2. 未按照设计图纸或图集要求安装墙面变形缝；
3. 不符合《民用建筑通用规范》GB 55031—2022 第 6.8.2 条、《建筑装饰装修工程质量验收标准》GB 50210—2018 第 9.1.7 条的规定和《变形缝建筑构造（一）》04CJ01-1 第 8.4 条要求。

规范标准要求

1. 《民用建筑通用规范》GB 55031—2022 第 6.8.2 条规定：变形缝设置应能保障建筑物在产生位移或变形时不受阻，且不产生破坏；
2. 《建筑装饰装修工程质量验收标准》GB 50210—2018 第 9.1.7 条的规定：饰面板工程的防震缝、伸缩缝、沉降缝等部位的处理应保证缝的使用功能和饰面的完整性；
3. 《变形缝建筑构造（一）》04CJ01-1 第 8.4 条要求：为保持室内设计的整齐美观，在同一项工程中，内墙与顶棚应尽量选用同一型号产品，地面与墙面如果无法选用同一产品，也应尽量选用宽度和材质相同的产品。

正确做法及防治措施

防治措施：

1. 细致审核施工图，及时查找发现变形缝做法问题；
2. 根据图纸和图集要求设置变形缝；
3. 变形缝材料选择宜与装饰风格保持一致；
4. 加强过程巡视检查，确保变形缝安装质量。

4 石材饰面流痕、泛碱

质量问题及原因分析

问题描述及原因分析:
1. 石板表面出现粉末、光泽朦胧、出现毛状晶体、接缝处周边无光泽等;
2. 未对石材六面进行喷涂反碱防护剂;
3. 未按照饰面板材施工工艺要求安装;
4. 不符合《建筑装饰装修工程质量验收标准》GB 50210—2018 第 9.2.5 条规定。

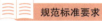
规范标准要求

《建筑装饰装修工程质量验收标准》GB 50210—2018 第 9.2.5 条规定:石板表面应平整、洁净、色泽一致,应无裂痕和缺损。石板表材应无泛碱等污染。

正确做法及防治措施

防治措施:
1. 应按照饰面板施工工艺要求施工;
2. 按照饰面板产品说明书的要求施工;
3. 应对石板做好六面防碱封闭处理;
4. 采用湿作业满粘法施工时,石板与基体之间的灌注材料应饱满、密实;
5. 推荐使用干挂法,若无法更改推荐使用低碱水泥作为拌合料。

5 医疗用房室内墙裙阳角未采用圆角护角

采用不锈钢直角护角

质量问题及原因分析

问题描述及原因分析：
1. 医疗用房室内墙裙阳角采用不锈钢直角护角；
2. 管理人员对医院相关标准掌握不足；
3. 对作业班组交底中未对阴阳角处理作出具体要求；
4. 不符合《综合医院建筑设计标准》GB 51039—2014（2024年版）第5.1.12条中第1款的规定。

 规范标准要求

《综合医院建筑设计规范》GB 51039—2014（2024年版）第5.1.12条中第1款规定：医疗用房的地面、踢脚板、墙裙、墙面、顶棚应便于清扫或冲洗，其阴阳角宜做成圆角。踢脚板、墙裙应与墙面平。

正确做法及防治措施

防治措施：
1. 管理人员要了解医院建设相关标准，应掌握满足使用功能的要求；
2. 在施工方案中应明确墙体各阳角部位圆护角的节点做法；
3. 护角材质应符合相关规范标准要求；
4. 根据规范要求，对作业班组进行详细的技术交底；
5. 在施工中认真执行和监督检查。

6 外墙面砖空鼓脱落

质量问题及原因分析

问题描述及原因分析:
1. 面砖粘贴前浸泡时间不够,造成砂浆早期脱水或浸泡后未晾干,粘贴后产生浮动自坠;
2. 粘贴砂浆厚薄不匀,砂浆不饱满,操作过程用力不均;砂浆收水后,对粘贴好的面砖进行纠偏移动,造成饰面空鼓;
3. 砖背砂浆不饱满,面砖勾缝不严,因雨水渗入受冻膨胀而引起脱落;
4. 面砖本身有隐伤,进场验收把关不严;
5. 粘结砂浆不符合要求;
6. 不符合《建筑装饰装修工程质量验收规范》GB 50210—2018 第 10.3.2 条、第 10.3.4 条和第 10.3.5 条规定。

规范标准要求

《建筑装饰装修工程质量验收规范》GB 50210—2018 第 10.3.2 条规定:外墙饰面砖粘贴工程的找平、防水、粘结和填缝材料及施工方法应符合设计要求;第 10.3.4 条规定:外墙饰面砖粘贴应牢固;第 10.3.5 条规定:外墙饰面砖工程应无空鼓、裂缝。

正确做法及防治措施

防治措施：
1. 进场面砖应符合国家标准要求；
2. 面砖粘贴前，必须清洗干净，用水浸泡到面砖不冒泡为止，且不少于2h，待表面晾干后方可粘贴；
3. 砂浆应具有良好的和易性与稠度，操作中用力要匀，嵌缝应密实；
4. 瓷砖铺贴应随时纠偏，粘贴砂浆初凝后严禁拨动瓷砖；
5. 面砖粘结砂浆厚度一般应控制在6～10mm（宜为6～7mm）；
6. 离缝粘贴面砖，板缝可以嵌进水泥净浆（或预拌砂浆）；
7. 面砖缝应勾缝严密。

7 瓷砖墙面阳角做工粗糙

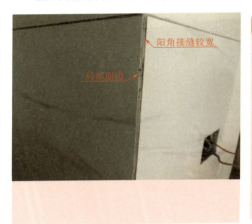

质量问题及原因分析

问题描述及原因分析：
1. 瓷砖墙面阳角接缝较宽，局部崩边；
2. 瓷砖背面倒角未采用水刀加工，且倒角过大，导致瓷砖崩边；
3. 不满足《建筑装饰装修工程质量验收标准》GB 50210—2018 第 10.2.5 条和图集《内装修墙面装修》13J502-1 第 E06 页要求。

规范标准要求

1.《建筑装饰装修工程质量验收标准》GB 50210—2018 第 10.2.5 条规定：内墙饰面砖表面应平整、洁净、色泽一致，应无裂痕和缺损；
2.《内装修墙面装修》13J502-1 第 E06 页提供阳角做法。

正确做法及防治措施

防治措施：
1. 瓷砖墙面阳角应优先采用"海棠角"的拼角工艺，做工应精细；
2. 阳角两面的瓷砖应严格控制平整与垂直，采用定位卡控制接缝均匀；
3. 瓷砖背面采用水刀倒角，倒角不宜过大，瓷砖预留厚度一致，宜为 2mm；
4. 海棠角应采用专业工具勾缝密实，不许覆盖外露海棠角，保证海棠角棱角分明。

3.8 幕墙

3.8.1 幕墙安装

1　石材幕墙防火隔离带未设置或安装不规范

质量问题及原因分析

问题描述及原因分析：
1. 层间未做防火隔离带，或层间防火隔离带安装不规范；
2. 设计图纸未体现；
3. 未按设计要求进行防火隔离带的安装；
4. 不符合《金属与石材幕墙工程技术规范》JGJ 133—2001 第 4.4.1 条、《建筑防火封堵应用技术标准》GB/T 51410—2020 第 4.0.3 条、《建筑防火通用规范》GB 55037—2022 第 6.2.4 条规定。

规范标准要求

1.《金属与石材幕墙工程技术规范》JGJ 133—2001 第 4.4.1 条规定：幕墙防火层必须采用经防腐处理且厚度不小于 1.5mm 的耐热钢板，不得采用铝板；防火层的密封材料应采用防火密封胶；

2.《建筑防火封堵应用技术标准》GB/T 51410—2020 第 4.0.3 条规定：幕墙与建筑窗槛墙之间的空腔应在建筑缝隙上、下沿处分别采用矿物棉等背衬材料填塞且填塞高度均不应小于 200mm；在矿物棉等背衬材料的上面应覆盖具有弹性的防火封堵材料，在矿物棉下面应设置承托板；
3.《建筑防火通用规范》GB 55037—2022 第 6.2.4 条规定：建筑幕墙应在每层楼板外沿处采取防止火灾通过幕墙空腔等构造竖向蔓延的措施。

正确做法及防治措施

防治措施：
1. 认真进行图纸会审，做好深化设计，明确幕墙防火隔离带的节点做法；
2. 应满足规范和设计要求：石材及金属幕墙与每层楼板、隔墙处的缝隙应采用防火封堵材料封堵；防火材料的填塞高度不应小于 200mm；采用的承托板厚度不得小于 1.5mm；防火密封材料应选择防火密封胶；
3. 做好过程监督检查，发现问题及时整改，规范设置幕墙防火隔离带。

2 横梁和立柱连接处刚性接触

质量问题及原因分析

问题描述及原因分析：
1. 横梁和立柱连接处刚性接触；
2. 设计图纸缺失横梁与立柱连接处构造节点；
3. 过程中未严格按图施工；
4. 不符合《玻璃幕墙工程技术规范》JGJ 102—2003 第 4.3.7 条规定。

规范标准要求

《玻璃幕墙工程技术规范》JGJ 102—2003 第 4.3.7 条规定：构件式幕墙的立柱与横梁连接处应避免刚性接触，可设置柔性垫片或预留 1~2mm 的间隙，间隙内填胶。

正确做法及防治措施

防治措施：
1. 做好图纸会审，重点核对横梁立柱处构造措施，避免刚性接触；
2. 施工过程中，做好技术交底，严格管控；
3. 标准位置按照图纸下料，特殊部位、收边收口需现场实测实量，不可完全按照图纸下料，避免过大偏差。

3 开启扇开启角度、距离过大

质量问题及原因分析

问题描述及原因分析：
1. 开启扇角度大于规范要求；
2. 幕墙型材加工不规范；
3. 材料进场验收不到位；
4. 开启扇五金件位置安装错误；
5. 未设置限位风撑；
6. 不符合《玻璃幕墙工程技术规范》JGJ 102—2003 第 4.1.5 条规定。

规范标准要求

《玻璃幕墙工程技术规范》JGJ 102—2003 第 4.1.5 条规定：幕墙开启窗的设置，应满足使用功能和立面效果要求，并应启闭方便，避免设置在梁、柱、隔墙等位置。开启扇的开启角度不宜大于 30°，开启距离不宜大于 300mm。

正确做法及防治措施

防治措施：
1. 合理设置开启窗限位风撑的安装位置，开启角度不宜大于 30°，开启距离不宜大于 300mm；
2. 幕墙开启窗的位置，应满足使用功能和立面效果要求，并应启闭方便，避免设置在梁、柱、隔墙等位置；
3. 加强加工图审查及现场复核，确保安装质量。

4 隐框玻璃幕墙玻璃下托板缺失

质量问题及原因分析

问题描述及原因分析：
1. 隐框玻璃幕墙玻璃下托板缺失；
2. 设计图纸缺失构造节点，图纸会审时未提出；
3. 技术交底未按设计要求交底；
4. 不符合《玻璃幕墙工程技术规范》JGJ 102—2003 第 5.6.6 条规定。

规范标准要求

《玻璃幕墙工程技术规范》JGJ 102—2003 第 5.6.6 条规定：隐框或横向半隐框玻璃幕墙，每块玻璃的下端宜设置两个铝合金托板，且其长度不应小于 100mm、厚度不应小于 2mm、高度不应超出玻璃外表面。

正确做法及防治措施

防治措施：
1. 做好图纸会审，重点核对节点图是否设置托板；
2. 落实好技术交底，明确托板做法；
3. 施工过程中，重点关注隐框玻璃下托板的设置；
4. 每块玻璃的下端宜设置两个铝合金托板，且其长度不小于 100mm、厚度不小于 2mm、高度不应小于玻璃外表面。

5 预埋件或后置埋件位置不准

质量问题及原因分析

问题描述及原因分析：
1. 土建结构偏差；
2. 预埋件安装加固不牢；
3. 中心位置计算错误；
4. 混凝土浇筑过程中，振捣时距预埋件过近或紧贴预埋件振捣；
5. 预埋件位置检查时，板面不平整，检查结果存在误差；
6. 在混凝土浇筑过程中，外力作用造成预埋件移动；
7. 在二次结构施工时，由于构件尺寸偏差或施工工艺问题，造成埋件位置不准确；
8. 不符合《玻璃幕墙工程技术规范》JGJ 102—2003 第 10.2.3 条、《金属与石材幕墙工程技术规范》JGJ 133—2001 第 7.2.4 条规定。

规范标准要求

1.《玻璃幕墙工程技术规范》JGJ 102—2003 第 10.2.3 条规定：玻璃幕墙与主体结构连接的预埋件，应在主体结构施工时按设计要求埋设，预埋件的位置偏差不应大于 20mm；

2.《金属与石材幕墙工程技术规范》JGJ 133—2001 第 7.2.4 条规定：金属、石材幕墙与主体结构连接的预埋件，应在主体结构施工时按设计要求埋设。预埋件应牢固、位置准确，预埋件的位置误差应按设计要求进行复查。当设计无明确要求时，预埋件的标高偏差不应大于 10mm，预埋件的位置偏差不应大于 20mm。

正确做法及防治措施

防治措施：
1. 严格按照设计图纸和规范要求留设预埋件。受钢筋阻碍等不能保证其埋设位置时，会同工程参建方商定对策措施。
2. 对偏差超过规范要求的埋件，要会同工程参建方制定纠偏方案。
3. 对于后置埋件，要根据设计图纸和相关规范要求设置，并按规范要求进行拉拔试验。
4. 预埋件加工应符合规范和设计要求。
5. 施工前应做好技术交底，按图施工。
6. 加强过程质量控制，保证施工质量。

6 铝板幕墙表面不平整

质量问题及原因分析

问题描述及原因分析：
1. 铝板幕墙表面不平整，变形鼓包；
2. 铝板厚度不足；铝板分格尺寸过大，未在板的折边及薄弱处增加加强筋；
3. 龙骨体系设计不合理；
4. 工人安装精度控制不足；
5. 不符合《金属与石材幕墙工程技术规范》JGJ 133—2001 第 8.0.3 条规定。

规范标准要求

《金属与石材幕墙工程技术规范》JGJ 133—2001 第 8.0.3 条规定：1）幕墙外露框应横平竖直，造型应符合设计要求；2）幕墙的胶缝应横平竖直，表面应光滑无污染；3）铝合金板应无脱膜现象，颜色应均匀，其色差可同色板相差一级；4）石材颜色应均匀，色泽应同样板相符，花纹图案应符合设计要求；5）沉降缝、伸缩缝、防震缝的处理，应保持外观效果的一致性，并应符合设计要求；6）金属板材表面应平整，站在距幕墙 3m 处肉眼观察时不应有可觉察的变形、波纹或局部压砸等缺陷；7）石材表面不得有凹坑、缺角、裂缝、斑痕。

正确做法及防治措施

防治措施：
1. 幕墙应选择厚度适宜的铝板，并做好专业深化设计；
2. 分格不宜过大，分格面积较大的铝板，应在板的折边及薄弱处增加加强筋，以保证铝板刚度；
3. 幕墙铝板与框架应采用铰接，连接结构可吸收因温差变化和地震引起的面内变形而产生的材料热应力；
4. 铝单板在运输、存放和安装过程中应采取措施加强保护，防止变形和损伤。

7　墙面干挂石材钢架基层挂件螺栓安装未加弹簧圈

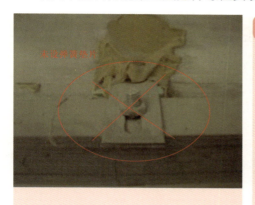

质量问题及原因分析

问题描述及原因分析：
1. 未加弹簧圈，可能导致挂点松动；
2. 设计图纸缺失构造节点，图纸会审时未提出；
3. 技术交底未按设计要求交底；
4. 施工人员施工时遗漏，项目过程检查、监督不到位；
5. 不符合《建筑装饰装修工程质量验收标准》GB 50210—2018 第 11.1.7 条规定。

规范标准要求

《建筑装饰装修工程质量验收标准》GB 50210—2018 第 11.1.7 条规定：幕墙及其连接件应具有足够的承载力、刚度和相对于主体结构的位移能力。当幕墙构架立柱的连接金属角码与其他连接件采用螺栓连接时，应有防松动措施。

正确做法及防治措施

防治措施：
1. 钢架基层挂件螺栓下面加弹簧圈和垫片，确保挂点处结构牢固；
2. 将弹簧圈设定为现场见证点，见证点验收合格后方可隐蔽施工；
3. 做好图纸会审，重点核对节点图是否设置弹簧圈；
4. 落实好技术交底，明确弹簧圈做法；
5. 施工过程中，重点关注弹簧圈的设置。

8　幕墙金属支架焊接质量差，未做防腐处理

质量问题及原因分析

问题描述及原因分析：
1. 幕墙金属支架焊接质量差，未做防腐处理，方案及交底未明确焊接、防腐质量标准；
2. 焊接材料没有完全融化或者没有充分填充焊缝导致焊缝出现空洞或者裂缝；
3. 焊工技术水平低，达不到工艺施工标准；
4. 不符合《建筑装饰装修工程质量验收标准》GB 50210—2018 第 11.1.7 条规定。

规范标准要求

《建筑装饰装修工程质量验收标准》GB 50210—2018 第 11.1.7 条规定：幕墙及其连接件应具有足够的承载力、刚度和相对于主体结构的位移能力。当幕墙构架立柱的连接金属角码与其他连接件采用螺栓连接时，应有防松动措施。

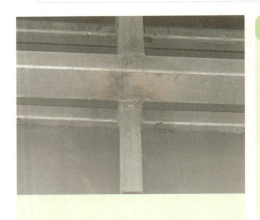

正确做法及防治措施

防治措施：
1. 施工前应制作工艺试件并检验；
2. 选用合适的焊接材料；
3. 焊接前仔细检查焊接面和焊接设备，保证焊接的准确性；
4. 连接件焊缝应连续饱满、密实，无孔洞、夹渣、缺焊、气泡等；
5. 焊接施工验收合格后及时进行防锈防腐处理，涂刷均匀厚度满足要求。

3.8.2 幕墙节能

1 单元式玻璃幕墙板块接缝偏差过大

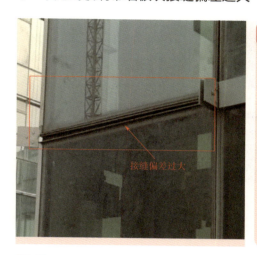

接缝偏差过大

质量问题及原因分析

问题描述及原因分析：
1. 玻璃幕墙板块接缝高低差偏差过大；
2. 板块安装施工过程未校核，安装工艺不当；
3. 板块加工精度不足；
4. 板缝防水不到位，有渗漏现象；
5. 不符合《玻璃幕墙工程技术规范》JGJ 102—2003 第 10.4.5-3 条规定。

规范标准要求

《玻璃幕墙工程技术规范》JGJ 102—2003 第 10.4.5-3 条规定：表 10.4.6 中单元式幕墙安装相邻面板间接缝高低差≤1mm。

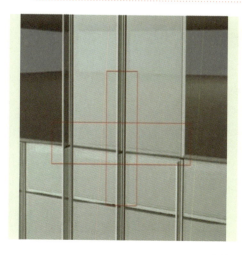

正确做法及防治措施

防治措施：
1. 根据尺寸分类，制作模具，提高板块加工精度；
2. 在安装过程中，要严格遵守安装工艺要求，按照正确的顺序进行安装，避免出现操作不当等问题；
3. 每层板块安装完成，做好防水后，进行淋水试验，无渗漏后可进行下层板块安装。

2 幕墙板块间缝隙处理不当

幕墙缝隙处理不到位

质量问题及原因分析

问题描述及原因分析：
1. 幕墙板块间缝隙处理、密封、开启扇密闭达不到设计要求，保温性能降低；
2. 测量放线出现误差，安装定位不精确；
3. 缝隙处理材料不合格；
4. 不符合《建筑节能工程施工质量验收标准》GB 50411—2019 第 5.2.3 条规定。

规范标准要求

《建筑节能工程施工质量验收标准》GB 50411—2019 第 5.2.3 条规定：幕墙的气密性能应符合设计规定的等级要求。密封条应镶嵌牢固、位置正确、对接严密。单元式幕墙板块之间的密封应符合设计要求。开启部分关闭应严密。

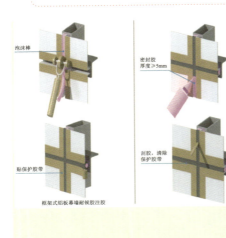

正确做法及防治措施

防治措施：
1. 幕墙使用的密封条、密封胶应采用弹性好、耐久性好的材料。幕墙胶缝填充材料应为弹性闭孔材料，密封胶应采用中性硅酮密封胶。
2. 幕墙玻璃或非透明面板四周缝隙应按设计及规范要求进行施工。幕墙胶缝位置应干净干燥，弹性闭孔材料应填充饱满，密封胶应连续施打，一次成型，充填密实。
3. 单元式幕墙的单元板应采取措施对纵横交错缝进行密封。

3 幕墙工程保温材料拼接不牢

质量问题及原因分析

问题描述及原因分析:
1. 幕墙工程保温材料固定不牢易脱落;
2. 工人施工过程中未严格按照幕墙设计间距进行固定;
3. 采用固定钉等固定件未固定牢固;
4. 不符合《玻璃幕墙工程技术规范》JGJ 102—2003 条文说明中第 10.3.3 条,《建筑节能工程施工质量验收标准》GB 50411—2019 第 5.2.5 条规定。

规范标准要求

《建筑节能工程施工质量验收标准》GB 50411—2019 第 5.2.5 条规定:幕墙节能工程使用的保温材料,其厚度应符合设计要求,安装应牢固,不得松脱。

正确做法及防治措施

防治措施:
1. 剔除清理墙面上残留的浮灰、劈裂的混凝土块、夹杂物、油污及抹灰空鼓部位等,并重新进行修补;
2. 基层墙面全面做界面剂涂刷处理,并进行适当的找平处理,确保找平层与墙体粘结牢固;
3. 保温材料铺设平整牢固可靠,拼接处不应留缝隙;
4. 对保温材料加固间距进行检查;
5. 保温加固完成后进行拉拔检测,检查是否固定牢靠。

4 幕墙热桥部位隔热阻断措施当

质量问题及原因分析

问题描述及原因分析：
1. 幕墙热桥部位隔热阻断措施不到位，幕墙系统水密性、气密性不符合要求，产生结露现象；
2. 不符合《建筑节能工程施工质量验收标准》GB 50411—2019 第 5.2.4 条规定。

 规范标准要求

《建筑节能工程施工质量验收标准》GB 50411—2019 第 5.2.4 条规定：每幅建筑幕墙的传热系数、遮阳系数均应符合设计要求，幕墙工程热桥部位的隔断热桥措施应符合设计要求，隔断热桥节点的连接应牢固。

正确做法及防治措施

防治措施：
1. 型材的隔热措施有注胶式和穿条式两种，穿条式比较常见，即在两个普通铝型材之间用尼龙材质的两个薄片连接为一体，尼龙能传递力同时也能切断室内外的热传导，达到节能的目的；
2. 防止出现热桥，在结构层上的埋件部位要满铺保温材料；
3. 玻璃承重块、铝合金之间的隔热垫块，均采用邵氏硬度为 80±5 的硬质 PVC 塑料块或氯丁橡胶块，并应模压成形；玻璃垫块应放置在板块的两个 1/4 边长处；密封胶条及垫块都采用抗老化性能好的三元乙丙材料。

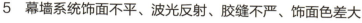

5 幕墙系统饰面不平、波光反射、胶缝不严、饰面色差大

质量问题及原因分析

问题描述及原因分析：
1. 饰面不平和波光反射；
2. 工厂加工精度不够，质量把控不严，饰面材料本身不平，平整度差；难以消除的后期变形：铝板应力变形、石材晶格蠕变产生变形、玻璃钢化产生波浪等材料不平而产生不均匀反射；
3. 现场安装质量，横竖框安装的精度偏差，饰面安装定位不准，压块紧力不够；
4. 密封打胶不严；
5. 不符合《金属与石材幕墙工程技术规范》JGJ 133—2001 第 6.3.1 条，《建筑节能工程施工质量验收标准》GB 50411—2019 第 5.2.8 条规定。

规范标准要求

1.《金属与石材幕墙工程技术规范》JGJ 133—2001 第 6.3.1 条规定：加工石板应符合下列规定：1）石板连接部位应无崩坏、暗裂等缺陷；其他部位崩边不大于 5mm×20mm，或缺角不大于 20mm 时可修补后使用，但每层修补的石板块数不应大于 2%，且宜用于立面不明显部位；2）石板的长度、宽度、厚度、直角、异型角、半圆弧形状、异型材及花纹图案造型、石板的外形尺寸均应符合设计要求；3）加工石板外表面的色泽应符合设计要求，花纹图案应按样板检查。石板四周不得有明显的色差。
2.《建筑节能工程施工质量验收标准》GB 50411—2019 第 5.2.8 条规定：幕墙保温材料应与幕墙面板或基层墙体可靠粘结或锚固，有机保温材料应采用非金属不燃材料作防护层，防护层应将保温材料完全覆盖。

正确做法及防治措施

防治措施：
1. 方案设计和深化设计时合理减小分格尺寸，使材料大小均匀，减少加工和安装难度；
2. 做好材料运输、储藏和安装过程中的管理；
3. 严格实施样板先行制，加强现场质量检查和验收；
4. 饰面板块之间的距离及平整度不好，影响胶缝宽度；
5. 横竖框安装的精度不好，直接影响饰面胶缝宽度等质量；
6. 接缝处中没有填塞泡沫条或填塞与接缝宽度不相配套的泡沫条，影响胶缝宽度。

6 幕墙渗漏

渗水

质量问题及原因分析

问题描述及原因分析：
1. 幕墙系统水密性、气密性不符合要求；
2. 幕墙系统结构设计不合理，节点设计不合理，板块结构设计不合理；
3. 材料工厂加工精度及质量把控不严；
4. 现场安装质量不好，施工工序不合理、工艺方法不当以及人为因素造成；
5. 不符合《建筑节能工程施工质量验收标准》GB 50411—2019 第 5.2.3 条规定。

规范标准要求

《建筑节能工程施工质量验收标准》GB 50411—2019 第 5.2.3 条规定：幕墙的气密性能应符合设计规定的等级要求。密封条应镶嵌牢固、位置正确、对接严密。单元式幕墙板块之间的密封应符合设计要求。开启部分关闭应严密。

正确做法及防治措施

防治措施：
1. 在方案设计时，重点研究防漏水方案和防水材料的选用，并优化设计方案；
2. 在深化设计时严格审核防水节点，严格把关；
3. 做好技术交底，严格执行施工样板管理；
4. 加强材料进场验收和质量把关；
5. 施工措施和安装工艺要科学合理；
6. 做好隐蔽工程验收与各部位的专项验收记录；
7. 幕墙密封胶打胶面要干燥洁净、平整无灰尘，打胶饱满，深度宽度满足规范要求。

3.9 涂饰

1 乳胶漆泛碱

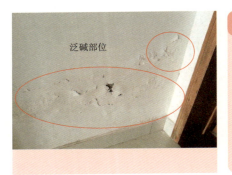
泛碱部位

质量问题及原因分析

问题描述及原因分析：
1. 基层含有碱性物质，施工前未对基层处理，乳胶漆与基层产生反应；
2. 乳胶漆施工过程中涂饰厚度不匀，干燥时间不足；
3. 不符合《建筑装饰装修工程质量验收标准》GB 50210—2018 第 12.1.5 条第 1 款、第 12.1.6 条和 12.2.3 条规定。

 规范标准要求

《建筑装饰装修工程质量验收标准》GB 50210—2018 第 12.1.5 条第 1 款规定：新建筑物的混凝土或抹灰基层在用腻子找平或直接涂饰涂料前应涂刷抗碱封闭底漆；第 12.1.6 条规定：水性涂料涂饰工程施工的环境温度应为 5℃ ~35℃。第 12.2.3 条规定：水性涂料涂饰工程应涂饰均匀、粘接牢固，不得漏涂、开裂、起皮和掉粉。

正确做法及防治措施

防治措施：
1. 清洁墙面：在进行乳胶漆施工之前，首先要对墙面进行清洁处理。使用清水和洗涤剂擦洗墙面，将墙面上的灰尘、油污等物质清除干净。清洁后，用清水彻底冲洗墙面，待墙面完全干燥后，涂刷封闭底漆。
2. 在进行乳胶漆施工时要均匀涂刷，避免涂层过厚或过薄，每道涂层间隔时间满足干燥要求；且在乳胶漆施工时要注意施工环境的温度和湿度。
3. 选择具有良好的附着力和耐碱性的优质乳胶漆。

2 乳胶漆裂纹

质量问题及原因分析

问题描述及原因分析：
1. 基层处理不当，如墙面不平整、含水量过高等，导致乳胶漆开裂；
2. 施工不当，如涂料过厚、涂层过薄或者施工速度过快，导致乳胶漆开裂；
3. 涂料质量问题，如劣质的乳胶漆产品含有杂质、气泡等，导致乳胶漆开裂；
4. 环境因素，如室内温度、湿度的变化，以及阳光照射、风吹等因素，导致乳胶漆开裂；
5. 不符合《建筑装饰装修工程质量验收标准》GB 50210—2018 第 12.2.3 条规定。

规范标准要求

《建筑装饰装修工程质量验收标准》GB 50210—2018 第 12.2.3 条规定：水性涂料涂饰工程应涂饰均匀、粘结牢固，不得漏涂、透底、开裂、起皮和掉粉。

正确做法及防治措施

防治措施：
1. 确保墙面基层平整、干燥，清除墙面上的油污、浮尘等杂质；
2. 在施工过程中，应遵循"薄涂多遍"的原则，保证涂料厚度适中，避免涂层过厚或过薄；
3. 购买乳胶漆时，应选择知名品牌、质量可靠的产品，避免使用劣质涂料；
4. 在施工和干燥过程中，应保持室内温度、湿度适中，避免阳光直射、风吹等因素影响；
5. 一旦发现乳胶漆开裂，应尽快进行修补，避免问题扩大。

3 柱面涂料存在流坠、砂眼、划痕缺陷

质量问题及原因分析

问题描述及原因分析：
1. 柱面涂料存在流坠、砂眼、划痕缺陷；
2. 涂饰施工前，基层未打磨平整，导致涂料喷涂出现流坠、砂眼、划痕，整体效果差；
3. 不符合《建筑装饰装修工程质量验收规范》GB 50210—2018 第 12.2.5 条规定。

规范标准要求

《建筑装饰装修工程质量验收规范》GB 50210—2018 第 12.2.5 条规定：薄涂料的涂饰质量和检验方法应符合表 12.2.5 规定。表 12.2.5 规定：高级涂饰不允许出现流坠、疙瘩；无砂眼，无刷纹；光泽均匀一致，光滑。

正确做法及防治措施

防治措施：
1. 应按照涂饰工程施工方法及工艺要求；
2. 基层抹灰必须密实平整；
3. 涂料质量必须合格，施工涂刷时用过滤网进行过滤；
4. 对工人进行详细的技术交底；
5. 检查涂料的黏度是否合适，改善稀释剂的比例，检查喷嘴是否与说明书要求相同，保持喷枪与施涂面之间的距离正确；
6. 刷涂时一次蘸漆不宜过多，涂料稀刷滚子毛要软。

4　墙面涂料出现变色、发花、泛青现象

质量问题及原因分析

问题描述及原因分析：
1. 基层含水率过大；
2. 基层碱性过大；
3. 施工环境有化学气体污染；
4. 不符合《建筑装饰装修工程质量验收规范》GB 50210—2018 第 12.4.3 条规定。

 规范标准要求

《建筑装饰装修工程质量验收规范》GB 50210—2018 第 12.4.3 条规定：美术涂饰工程的基层处理应符合本标准第 12.1.5 条的要求。第 12.1.5 条第 3 款规定：混凝土或抹灰基层在用溶剂型腻子找平或直接涂刷溶剂型涂料时，含水率不得大于 8%；在用乳液型腻子找平或直接涂刷乳液型涂料时，含水率不得大于 10%，木材基层的含水率不得大于 12%。

正确做法及防治措施

防治措施：
1. 基层应完全干燥，含水率应满足涂料的技术要求；
2. 严禁与聚氨酯类涂料同时施工，若已使用可先用砂纸将墙面轻打磨，再上底涂与面涂；
3. 施工环境应通风、干燥，防止阳光暴晒。

5 美术涂饰出现粉化现象

质量问题及原因分析

问题描述及原因分析：
1. 内墙漆用于户外涂饰；
2. 过度稀释，漆膜太薄，树脂无法有效粘结颜料；
3. 底材太疏松，树脂过多渗入基底，无法有效粘结颜料；
4. 施工时基底温度过低，成膜不佳；
5. 基底及环境湿度过高，重涂时间短，通风差，无法完全成膜；
6. 基底碱性过高，漆膜被破坏；
7. 测试时未够 7d 成膜期；
8. 不符合《建筑装饰装修工程质量验收标准》GB 50210—2018 第 12.4.2 条和第 12.4.4 条规定。

规范标准要求

《建筑装饰装修工程质量验收标准》GB 50210—2018 第 12.4.2 条规定：美术涂饰工程应涂饰均、粘结牢固，不得漏涂、透底、开裂、起皮、掉粉和反锈；第 12.4.4 条规定美术涂饰工程的套色、花纹和图案应符合设计要求。

正确做法及防治措施

防治措施：
1. 铲除粉化层；
2. 选用合适的涂料；
3. 必要时需选用合适的底漆封固基底；
4. 遵循施工规范，切勿过度稀释；
5. 保证施工环境符合施工要求。

3.10 裱糊与软包

1 裱糊饰面有气泡，斑污

质量问题及原因分析

问题描述及原因分析：
1. 裱糊饰面有气泡、斑污；
2. 上胶不匀，局部缺胶液，墙纸干燥后形成气泡空鼓；
3. 局部胶液太多、太稠，无法完全自然吸收，墙纸干燥后形成硬块鼓包；
4. 基层腻子、涂料不牢固脱层；
5. 涂刷基膜未完全干燥，施工造成基层脱层，引起墙纸表面鼓包；
6. 不符合《建筑装饰装修工程质量验收标准》GB 50210—2018 第 13.2.5 条规定。

 规范标准要求

《建筑装饰装修工程质量验收标准》GB 50210—2018 第 13.2.5 条规定：裱糊后的壁纸、墙布表面应平整，不得有波纹起伏、气泡、裂缝、皱折；表面色泽应一致，不得有斑污，斜视时应无胶痕。

正确做法及防治措施

防治措施：
1. 在施工之前，首先要检查裱糊材料的质量，选择质量可靠的裱糊材料；
2. 施工时要注意墙面的干燥程度，一般墙面施工完毕后，需要晾 20~40h，实际情况要根据地区和季节来调整；
3. 在铺贴墙纸时，墙面要保持平整干净，若发现有缝隙，要用石膏粉补上，用刮板将多余部分剔除，减少墙纸气泡的产生；
4. 注意成品保护，保持墙面清洁，发现污染物，及时清洁处理。

2 裱糊材料粘结不牢，空鼓、翘边

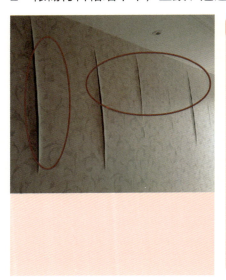

质量问题及原因分析

问题描述及原因分析：
1. 施工后，马上通风、空调烘干，水分流失过快；
2. 上胶不均匀，部分地方失胶，未能与墙面粘接；或上胶量不足，墙面凹面处不能粘结；
3. 施工面太光滑，胶水吸力比下降；
4. 墙纸粉、胶浆质量差，粘力不足；
5. 上胶太薄，达不到粘结强度；
6. 墙面未做基膜处理，墙面吸水性大，不能达到湿干；
7. 不符合《建筑装饰装修工程质量验收标准》GB 50210—2018 第 13.2.4 条规定。

规范标准要求

《建筑装饰装修工程质量验收标准》GB 50210—2018 第 13.2.4 条规定：壁纸、墙布应粘贴牢固，不得有漏贴、补贴、脱层、空鼓和翘边。

正确做法及防治措施

防治措施：
1. 在铺装壁纸之前确保墙面的含水率在 9% 以下；
2. 选择质量合格的墙纸粉、胶粉，胶涂刷均匀，保证厚度；
3. 喷刷清漆并均匀喷刷，待不粘手时，再开始张贴墙纸；
4. 在铺装之前，需要确认壁纸的胶粘剂是配套的壁纸胶粘剂，最好在铺装之前做一下胶粘剂的实验；
5. 壁纸贴好后的前 2~3d 需要关门关窗，让墙纸胶水自然阴干。

3 开关插座处壁纸起鼓

质量问题及原因分析

问题描述及原因分析:
1. 开关插座处壁纸粘贴不牢固,局部起鼓;
2. 工序倒置,开关、插座面板安装后再施工壁纸,电盒周边不宜粘牢贴严,从而导致局部起鼓、翘边;
3. 不符合《建筑装饰装修工程质量验收标准》GB 50210—2018 第 13.2.4 条规定。

规范标准要求

《建筑装饰装修工程质量验收标准》GB 50210—2018 第 13.2.4 条规定:壁纸、墙布应粘贴牢固,不得有漏贴、补贴、脱层、空鼓和翘边。

正确做法及防治措施

防治措施:
1. 暗装电盒四周腻子应批刮到位,沿盒口周边处理规矩,保证电盒四周平整;
2. 电盒四周胶粘剂应涂刷均匀,整幅壁纸粘贴平整后,再沿盒口将壁纸裁割整齐,最后完成开关、插座面板安装。

4 裱糊拼接处花纹、图案不吻合

质量问题及原因分析

问题描述及原因分析：
1. 裱糊材料不合格；
2. 裁纸不当，在裁纸时，未考虑到对花问题；
3. 粘贴时拉力过大，裱糊材料被拉长；
4. 粘贴墙纸时，前幅墙纸不垂直，后幅再垂直贴时产生缝隙，导致对不上花；
5. 不符合《建筑装饰装修工程质量验收标准》GB 50210—2018 第 13.2.3 条规定。

规范标准要求

《建筑装饰装修工程质量验收标准》GB 50210—2018 第 13.2.3 条规定：裱糊后各幅拼接应横平竖直，拼接处花纹、图案应吻合，应不离缝、不搭接、不显拼缝。

正确做法及防治措施

防治措施：
1. 在施工之前，首先要检查裱糊材料的质量，选择质量可靠的裱糊材料；
2. 将壁纸打开检查清楚花纹、图案、方向，然后在桌子展开，涂胶面向上，花纹面向下，确定长度后，在背面标线，并按标线裁剪；
3. 施工时非厚重墙纸可用扶纸刷，扶纸刷有柔软度不会将墙壁纸拉长；
4. 墙纸铺贴时要保证垂直度；
5. 用塑料刮板轻轻刮平表面、赶出气泡，若少量胶水被赶至表面，随即用湿海绵擦净。

5　软包工程表面污染、凹凸不平、有色差

质量问题及原因分析

问题描述及原因分析：
1. 软包工程表面污染、不洁净、图案不清晰、有色差；
2. 成品保护不当，软包面料未精心选择；
3. 不符合《建筑装饰装修工程质量验收标准》GB 50210—2018 第 13.3.7 条规定。

规范标准要求

《建筑装饰装修工程质量验收标准》GB 50210—2018 第 13.3.7 条规定：软包工程的表面应平整、洁净、无污染、无凹凸不平及皱折；图案应清晰、无色差，整体应协调美观、符合设计要求。

正确做法及防治措施

防治措施：
1. 对施工人员进行技术交底，并做好成品保护措施；
2. 选择软包面料时，应选用面料干净，图案清晰无色差且面料质量较好不褪色的面料材料。

3.11 细部

1 门套45°拼接不密实，缝隙大

质量问题及原因分析

问题描述及原因分析：
1. 前期策划不周，未考虑到门套45°拼接，致使间隙不密实，缝隙偏大；
2. 施工人员经验不足，门套安装裁切不准确；
3. 施工过程中缺少质量巡查监管；
4. 不符合《建筑装饰装修工程质量验收标准》GB 50210—2018 第14.4.2条和第14.4.3条的规定。

规范标准要求

《建筑装饰装修工程质量验收标准》GB 50210—2018 第14.4.2条规定：门窗套的造型、尺寸和固定方法应符合设计要求，安装应牢固。第14.4.3条规定：门窗套表面应平整、洁净、线条顺直、接缝严密、色泽一致，不得有裂缝、翘曲及损坏。

正确做法及防治措施

防治措施：
1. 前期策划时应考虑周全，对门套安装中可能存在的质量问题进行详细的交底，提高一次安装的成活率；
2. 挑选经验丰富的师傅进行安装，安装时缝隙拼接要密实，项目管理人员加强检查验收，发现质量不合格时立即整改；
3. 现场下单放线准确，避免因门的尺寸与现场基层尺寸偏差，需要拉高门的高度，从而导致45°角分裂；
4. 安装的部位，缝隙较大的可先采用填缝剂进行填缝处理，然后调和出颜色相同的油漆做补漆处理。

2 门套上沿压线条与吊顶收口间隙过小

质量问题及原因分析

问题描述及原因分析：
1. 前期策划不周，未协调好门套上沿压线条与石膏板吊顶高度，致使收口间隙过小；
2. 施工经验不足，对局部专业接口把握不准，导致相互侵限；
3. 不符合《建筑装饰装修工程质量验收标准》GB 50210—2018 第 14.4.2 条的规定。

规范标准要求

《建筑装饰装修工程质量验收标准》GB 50210—2018 第 14.4.2 条规定：门窗套的造型、尺寸和固定方法应符合设计要求，安装应牢固。

正确做法及防治措施

防治措施：
1. 在层高有条件的情况下，门套上沿压线条应离吊顶保持一定的距离（50mm 以上），便于施工；
2. 若层高不足，可将门套上沿压线条顶足吊顶（拼缝间设置工艺缝）。

3　楼梯休息平台宽度小于梯段宽度

质量问题及原因分析

问题描述及原因分析：
1. 楼梯休息平台宽度小于梯段宽度；
2. 设计楼梯梯梁占休息平台宽度，造成休息平台宽度不足；
3. 图纸会审时注重结构施工，涉及装饰装修问题未引起关注；
4. 不符合《民用建筑通用规范》GB 55031—2022 第 5.3.5 条和《民用建筑设计统一标准》GB 50352—2019 第 6.8.4 条要求。

规范标准要求

1.《民用建筑通用规范》GB 55031—2022 第 5.3.5 条规定：当梯段改变方向时，楼梯休息平台的最小宽度不应小于梯段净宽，并不应小于 1.2m；当中间有实墙时扶手转向端处的平台净宽不应小于 1.3m。直跑楼梯的中间平台宽度不应小于 0.9m。
2.《民用建筑设计统一标准》GB 50352—2019 第 6.8.4 条规定：当梯段改变方向时，扶手转向端处的平台最小宽度不应小于梯段净宽，并不得小于 1.2m。当有搬运大型物件需要时，应适量加宽。直跑楼梯的中间平台宽度不应小于 0.9m。

正确做法及防治措施

防治措施：
1. 认真进行图纸会审，提早发现结构施工图中与建筑设计要求之间的矛盾点，避免装修后发生修改结构类的问题；
2. 如出现此类问题，应由结构设计师出具结构设计修改图，并进行设计交底；
3. 现场应编制修改方案和进行详细的技术交底，并严格按交底进行施工，最终满足楼梯休息平台宽度要求。

4 楼梯间平台栏杆中间多增加横杆

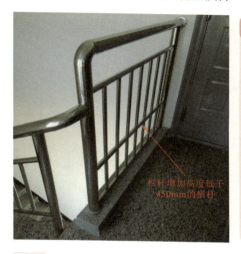

栏杆增加高度低于450mm的横杆

质量问题及原因分析

问题描述及原因分析：
1. 出屋面楼梯间平台栏杆中间增加距地高度小于450mm横杆，虽不构成规范定义上的可踏面，但却形成可攀爬条件，导致栏杆防护高度不足；
2. 楼梯间平台栏杆高度为1.0m；
3. 图纸会审时未发现栏杆设计不足，且施工时仍未发现；
4. 施工人员对标准规范掌握不足；
5. 不符合《民用建筑通用规范》GB 55031—2022 第 6.6.1 条第 2 款的规定。

规范标准要求

《民用建筑通用规范》GB 55031—2022 第 6.6.1 条第 2 款规定：栏杆（栏板）垂直高度不应小于1.0m。栏杆（栏板）高度应按所在楼地面或屋面至扶手顶面的垂直高度计算如底面有宽度大于或等于0.22m，且高度不大于0.45m的可踏部位，应按可踏部位顶面至扶手顶面的垂直高度计算。

正确做法及防治措施

防治措施：
1. 认真进行图纸会审，针对栏杆（栏板）中的高度、立杆间距、可踏面及防攀爬等内容进行重点关注，提早发现施工图中细部做法中的不足；
2. 在正式安装前，再次对细部做法进行审图，如还有不足，应即刻与设计联系纠正；
3. 做好技术交底，使操作工人准确地按规范和技术交底要求施工。

5　高度大于 0.7m 台阶两侧未设置防护设施

质量问题及原因分析

问题描述及原因分析：
1. 高度大于 0.7m 台阶两侧未设置防护设施；
2. 施工图未明确台阶防护栏杆做法，施工单位审图时未发现台阶防护栏杆缺失问题；
3. 不符合《民用建筑设计统一标准》GB 50352—2019 第 6.7.1 条第 4 款的规定；
4. 不符合《民用建筑通用规范》GB 55031—2022 第 5.2.1 条的规定。

 规范标准要求

1.《民用建筑设计统一标准》GB 50352—2019 第 6.7.1 条第 4 款规定：台阶总高度超过 0.7m 时，应在临空面采取防护设施；
2.《民用建筑通用规范》GB 55031—2022 第 5.2.1 条规定：当台阶、人行坡道总高度达到或超过 0.7m 时，应在临空面采取防护措施。

正确做法及防治措施

防治措施：
1. 认真进行图纸会审，提早发现施工图中台阶防护栏杆遗漏的问题；
2. 台阶防护栏杆需安装牢固；
3. 台阶防护栏杆高度应按照《民用建筑设计统一标准》GB 50352—2019 第 6.7.3 条和第 6.8.8 条要求设置。

6 护栏和扶手安装固定不牢

质量问题及原因分析

问题描述及原因分析：
1. 安装栏杆时，基层混凝土松动，强度不足；
2. 固定栏杆预埋件的设置位置、数量、标高未按设计要求布置；
3. 固定点安装焊接焊缝不饱满或栓接不牢固、歪斜；
4. 护栏和扶手安装时，立柱间距过大，导致栏杆扶手刚度不足；
5. 不符合《民用建筑通用规范》GB 55031—2022 第 6.6.1 条第 1 款和《建筑装饰装修工程质量验收规范》GB 50210—2018 第 14.5.4 条规定。

规范标准要求

1.《民用建筑通用规范》GB 55031—2022 第 6.6.1 条第 1 款规定：栏杆（栏板）应以坚固、耐久的材料制作，应安装牢固，并应能承受相应的水平荷载；
2.《建筑装饰装修工程质量验收规范》GB 50210—2018 第 14.5.4 条规定：护栏高度、栏杆间距、安装位置应符合设计要求。护栏安装应牢固。

正确做法及防治措施

防治措施：
1. 施工时必须精确放线，按照设计要求的立杆数量，准确定位；
2. 安装栏杆立柱的部位，混凝土不得有疏松现象，并且安装标高应符合设计要求，凹凸不平处必须剔除或修补平整；
3. 焊接施工时，其焊条应与母材材质相同，安装时将立杆与埋件点焊临时固定，经标高、垂直校正后，满焊固定；
4. 采用螺栓连接时，立柱底部金属板上的孔眼应加工成腰圆形。

7　可踏部位栏杆高度不足

质量问题及原因分析

问题描述及原因分析：
1. 在可踏面上栏杆高度为 600mm，栏杆总防护高度不足 1.1m；
2. 前期策划时，仅考虑连廊边挡台上栏杆的高度，未考虑挡台高度不足 0.45m，从而形成可踏面，最终防护高度不足 1.1m；
3. 技术交底不具体，或操作工人安装时未按技术交底要求控制好护栏顶标高；
4. 不符合《民用建筑通用规范》GB 55031—2022 第 6.6.1 条第 2 款、《民用建筑设计统一标准》GB 50352—2019 第 6.7.3 条第 2 款和《建筑装饰装修工程质量验收标准》GB 50210—2018 第 14.5.4 条规定。

铁栏杆高度：60cm

规范标准要求

1.《民用建筑通用规范》GB 55031—2022 第 6.6.1 条第 2 款规定：栏杆（栏板）垂直高度不应小于 1.10m。栏杆（栏板）高度应按所在楼地面或屋面至扶手顶面的垂直高度计算如底面有宽度大于或等于 0.22m，且高度不大于 0.45m 的可踏部位，应按可踏部位顶面至扶手顶面的垂直高度计算；

2.《民用建筑设计统一标准》GB 50352—2019 第 6.7.3 条第 2 款规定：当临空高度在 24.0m 以下时，栏杆高度不应低于 1.05m；当临空高度在 24.0m 及以上时，栏杆高度不应低于 1.1m。上人屋面和交通、商业、旅馆、医院、学校等建筑临开敞中庭的栏杆高度不应小于 1.2m；

3.《建筑装饰装修工程质量验收标准》GB 50210—2018 第 14.5.4 条规定：护栏高度、栏杆间距、安装位置应符合设计要求。护栏安装应牢固。

正确做法及防治措施

防治措施：

1. 认真学习《民用建筑通用规范》GB 55031—2022 和《民用建筑设计统一标准》GB 50352—2019 等标准的相关内容；
2. 认真进行图纸会审，针对栏杆（栏板）具体要求进行重点关注，提早发现施工图中细部做法中的不足；
3. 做好技术交底，使操作工人准确地按规范和技术交底要求施工。

8　窗台面低于 0.8m 未设置安全防护设施

质量问题及原因分析

问题描述及原因分析：
1. 窗户台面距离楼面小于 0.8m 时，未设置安全防护设施；
2. 设计图中描述不具体，图纸会审时未发现；
3. 施工时未对楼梯间窗口防护引起关注，质量巡查时也未发现；
4. 不符合《民用建筑通用规范》GB 55031—2022 第 6.5.6 条的规定。

规范标准要求

《民用建筑通用规范》GB 55031—2022 第 6.5.6 条的规定：民用建筑（除住宅外）临空窗的窗台距楼地面的净高低于 0.80m 时应设置防护设施，防护高度由楼地面（或可踏面）起计算不应小于 0.80m。

正确做法及防治措施

防治措施：
1. 设计应明确安全护栏的做法，明确尺寸、材质、构造连接等，提供加工及施工图纸；
2. 认真进行图纸会审，针对窗户台面距离楼面小于 0.8m 等情况进行重点关注，提早发现施工图细部做法中的不足并做好设计变更；
3. 做好技术交底，按照图纸加工和安装，使操作工人准确地按规范和技术交底要求安全护栏。

9　楼梯间休息平台栏杆离地100mm高度范围留空

质量问题及原因分析

问题描述及原因分析：
1. 楼梯间顶上休息平台栏杆离地100mm高度范围内留空存在安全隐患；
2. 技术交底不够细致，未具体指出该部位的做法；
3. 操作工人未按技术交底施工；
4. 不符合《民用建筑通用规范》GB 55031—2022 第6.6.4条和《住宅设计规范》GB 50096—2011 第6.5.2条规定。

规范标准要求

1. 《民用建筑通用规范》GB 55031—2022 第6.6.4条规定：公共场所的临空且下部有人员活动部位的栏杆（栏板），在地面以上0.1m高度范围内不应留空。
2. 《住宅设计规范》GB 50096—2011 第6.5.2条规定：位于阳台、外廊及开敞楼梯平台下部的公共出入口，应采取防止物体坠落伤人的安全措施。

正确做法及防治措施

防治措施：
1. 装饰装修施工前，及时对班组、作业人员进行交底；
2. 栏杆安装时，加设100mm高的不锈钢踢脚封挡严密；
3. 推荐采用在地面铺装前，加设混凝土坎台，面层装饰同休息平台踢脚线的作法。

10 楼梯栏杆刚度不足

质量问题及原因分析

问题描述及原因分析：
1. 楼梯栏杆扶手刚度不足；
2. 固定栏杆预埋件的设置位置、数量、标高未按设计要求布置；
3. 固定点安装焊接焊缝不饱满或栓接不牢固、歪斜；
4. 护栏和扶手安装时，立柱间距过大，导致栏杆扶手刚度不足；
5. 不符合《民用建筑通用规范》GB 55031—2022 第 6.6.1 条第 1 款、《民用建筑设计统一标准》GB 50352—2019 第 6.7.3 条第 1 款和《建筑装饰装修工程质量验收规范》GB 50210—2018 第 14.5.4 条规定。

楼梯栏杆扶手刚度不足

规范标准要求

1.《民用建筑通用规范》GB 55031—2022 第 6.6.1 条第 1 款规定：栏杆（栏板）应以坚固、耐久的材料制作，应安装牢固，并应能承受相应的水平荷载；

2.《民用建筑设计统一标准》GB 50352—2019 第 6.7.3 条第 1 款规定：栏杆应以坚固、耐久的材料制作，并应能承受现行国家标准《建筑结构荷载规范》GB 50009 及其他国家现行相关标准规定的水平荷载；

3.《建筑装饰装修工程质量验收规范》GB 50210—2018 第 14.5.4 条规定：护栏高度、栏杆间距、安装位置应符合设计要求。护栏安装应牢固。

正确做法及防治措施

防治措施：

1. 楼梯栏杆材料规格、型号应满足设计要求，施工时必须精确放线，按照设计要求的立杆数量，准确定位；
2. 安装栏杆立柱的部位，混凝土不得有疏松现象，并且安装标高应符合设计要求，凹凸不平处必须剔除或修补平整；
3. 焊接施工时，其焊条应与母材材质相同，安装时将立杆与埋件点焊临时固定，经标高、垂直校正后，满焊固定；
4. 采用螺栓连接时，立柱底部金属板上的孔眼应加工成腰圆形；
5. 对刚度不足的栏杆，应及时进行返工处理。

11 楼梯栏杆立管未安装在结构层上

质量问题及原因分析

问题描述及原因分析：
1. 防护栏杆立杆未安装在结构层上；
2. 施工方案深度不够，结构施工时未在栏杆的立杆位置设置预埋件；
3. 不符合《民用建筑通用规范》GB 55031—2022 第 6.6.1 条第 1 款和《建筑防护栏杆技术标准》JGJ/T 470—2019 第 6.2.3 条的规定。

规范标准要求

1.《民用建筑通用规范》GB 55031—2022 第 6.6.1 条第 1 款规定：栏杆（栏板）应以坚固、耐久的材料制作，应安装牢固，并应能承受相应的水平荷载；
2.《建筑防护栏杆技术标准》JGJ/T 470—2019 第 6.2.3 条规定：连接件应在主体结构面完成后、装饰面施工前安装，不应在装饰面施工后安装。

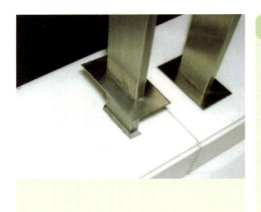

正确做法及防治措施

防治措施：
1. 认真进行图纸会审，提前做好深化设计，明确节点做法；
2. 根据标准要求并在施工方案的基础上编制作业指导书，保证扶手安装牢固、美观；
3. 地砖装饰层施工前，应对立杆的规格、焊接质量、垂直度、间距进行验收，验收合格后方可进行地面装饰层施工。

12 楼梯梯段净宽大于三股人流未设双侧扶手

质量问题及原因分析

问题描述及原因分析：
1. 梯段净宽大于三股人流而未双面设扶手；
2. 施工图未明确扶手做法，施工单位审图时未发现楼梯扶手缺失问题；
3. 不符合《民用建筑通用规范》GB 55031—2022 第 5.3.4 条和《民用建筑设计统一标准》GB 50352—2019 第 6.8.7 条规定。

规范标准要求

1.《民用建筑通用规范》GB 55031—2022 第 5.3.4 条规定：公共楼梯至少于单侧设置扶手，梯段净宽达 3 股人流的宽度时应两侧设扶手；
2.《民用建筑设计统一标准》GB 50352—2019 第 6.8.7 条规定：楼梯应至少于一侧设扶手，梯段净宽达三股人流时应两侧设扶手，达四股人流时宜加设中间扶手。

正确做法及防治措施

防治措施：
1. 认真进行图纸会审，提早发现施工图中扶手遗漏的问题；
2. 根据标准图集做好连墙件预埋，保证扶手安装牢固；
3. 扶手设置应与装饰风格保持一致；
4. 做好技术交底，并在施工中认真实施。

13　室内楼梯与无障碍坡道缺少扶手

质量问题及原因分析

问题描述及原因分析：
1. 楼梯另一侧缺扶手；
2. 无障碍坡道缺少扶手；
3. 施工人员不重视施工和验收规范，对于相关规范关注不够，审图时未发现此问题；
4. 不符合《民用建筑通用规范》GB 55031—2022 第 5.3.4 条和《无障碍设计规范》GB 50763—2012 第 3.8.1 条的规定。

规范标准要求

1. 《民用建筑通用规范》GB 55031—2022 第 5.3.4 条规定：公共楼梯应至少于单侧设置扶手，梯段净宽达三股人流的宽度时应两侧设扶手；
2. 《无障碍设计规范》GB 50763—2012 第 3.8.1 条规定：无障碍单层扶手的高度应为 850mm～900mm，无障碍双层扶手的上层扶手高度应为 850mm～900mm，下层扶手高度应为 650mm～700mm。

正确做法及防治措施

防治措施：
1. 现场施工人员应加强相关规范的重视程度，了解设计规范中有关内容；
2. 认真进行图纸会审，提早发现施工图中扶手遗漏的问题；
3. 扶手设置应与装饰风格保持一致；
4. 做好技术交底，并按技术交底要求认真施工。

14 无障碍坡道临空侧未采取安全阻挡措施

质量问题及原因分析

问题描述及原因分析：
1. 无障碍坡道临空侧未采取安全阻挡措施；
2. 施工图未明确无障碍坡道的具体做法，施工单位审图时未发现缺少阻挡杆等问题；
3. 不符合《建筑与市政工程无障碍通用规范》GB 55019—2021 第 2.3.5 条的规定。

 规范标准要求

《建筑与市政工程无障碍通用规范》GB 55019—2021 第 2.3.5 条规定：设置扶手的轮椅坡道的临空侧应采取安全阻挡措施。

正确做法及防治措施

防治措施：
1. 项目部应加强对通用规范的学习和培训；
2. 认真做好图纸会审，提早发现施工图中遗漏的问题；
3. 做好技术交底，并在施工中认真实施。

15　石膏花饰裂缝、翘曲

质量问题及原因分析

问题描述及原因分析：
1. 石膏花饰裂缝、翘曲；
2. 施工前未对基层处理或处理不到位，使基层含有碱性物质；
3. 石膏腻子施工过程中涂饰厚度不匀，干燥时间不足，从而产生裂缝、翘曲；
4. 不符合《建筑装饰装修工程质量验收标准》GB 50210—2018 第 14.6.3 条和第 14.6.4 条的规定。

规范标准要求

《建筑装饰装修工程质量验收标准》GB 50210—2018 第 14.6.3 条规定：花饰的安装位置和固定方法应符合设计要求，安装应牢固；第 14.6.4 条规定：花饰表面应洁净，接缝应严密温和，不得有歪斜、裂缝、翘曲及损坏。

正确做法及防治措施

防治措施：
1. 石膏腻子应随配随用，初凝后的石膏腻子不得再使用；
2. 石膏花饰制品转移过程中应轻拿轻放；
3. 石膏花饰制品存放要采取防水、防潮措施，不得露天存放；
4. 湿度较大的房间，不得使用未经防水处理的石膏花饰；
5. 装饰有花饰的墙面或顶棚，应保持通风干燥，避免花饰受潮变色；
6. 花饰镶接处的斑纹、花叶和花瓣应相互连接对齐，不可紊乱，注意合角拼缝和花饰外表；
7. 装饰后花饰应清洁、皓白，不得有麻孔、裂纹或残缺不全等。

16 室内台阶踏步数仅设一步

质量问题及原因分析

问题描述及原因分析：
1. 室内台阶踏步数为一步；
2. 施工图台阶做法为一步，图纸会审不够仔细；
3. 不符合《民用建筑通用规范》GB 55031—2022 第 5.3.8 条和《民用建筑设计统一标准》GB 50352—2019 第 6.7.1 条第 3 款条规定。

规范标准要求

1.《民用建筑通用规范》GB 55031—2022 第 5.3.8 条规定：公共楼梯每个梯段的踏步级数不应少于 2 级，且不应超过 18 级；
2.《民用建筑设计统一标准》GB 50352—2019 第 6.7.1 条第 3 款规定：室内台阶踏步数不宜少于 2 级；当高差不足 2 级时，宜按坡道设置。

正确做法及防治措施

防治措施：
1. 认真进行图纸会审，提早发现施工图中台阶设置的问题；
2. 根据现场地面标高，将一步梯设置成斜坡，满足设计规范要求。

第4章

屋面

4.1 基层与保护

1 屋面找坡层坡度及坡向不准确、排水不畅

质量问题及原因分析

问题描述及原因分析：
1. 屋面找坡层的坡度及坡向不准确，局部排水不畅、积水；
2. 屋面找坡层未明确主次屋脊、水落口的位置及标高，施工时未严格控制找坡的坡向及坡度；
3. 不符合《屋面工程质量验收规范》GB 50207—2012 第 4.1.3 条规定。

规范标准要求

《屋面工程质量验收规范》GB 50207—2012 第 4.1.3 条规定：屋面找坡应满足设计排水坡度要求，结构找坡不应小于 3%，材料找坡宜为 2%。

正确做法及防治措施

防治措施：
1. 屋面找坡层应预先深化主次屋脊、水落口的位置及标高，明确排水路径及坡度，材料找坡宜为 2%；
2. 找坡层施工时先准确定位主次屋脊和水落口位置和标高，以此拉线设置中间位置的标筋点，控制找坡和找平；
3. 找坡和找平层施工完成后，坡度、坡向应正确，确保排水顺畅无积水。

2　细石混凝土保护层分格缝纵横间距过大

质量问题及原因分析

问题描述及原因分析：
1. 屋面细石混凝土保护层分格缝纵横间距超过6m，不符合要求，易引起面层开裂；
2. 不符合《屋面工程质量验收规范》GB 50207—2012 第 4.5.4 条的规定。

规范标准要求

《屋面工程质量验收规范》GB 50207—2012 第 4.5.4 条规定：用细石混凝土做保护层时，混凝土应振捣密实，表面应抹平压光，分格缝纵横间距不应大于6m。分格缝的宽度宜为10mm～20mm。

正确做法及防治措施

防治措施：
1. 提前策划，明确纵横分格缝的间距、缝宽尺寸、密封材料材质及质量要求和细部详图；
2. 分格缝间距不应大于6m，可根据当地气温条件适当减小；
3. 使用柔性嵌缝材料封闭分格缝。

3 屋面周圈与女儿墙和山墙之间未预留缝隙

质量问题及原因分析

问题描述及原因分析：
1. 块体面层、整体面层周圈与女儿墙和山墙之间未预留缝隙，不利于材料的温度变形，存在泛水、女儿墙裂缝的质量隐患；
2. 屋面深化设计未考虑留设间隙，施工时也未作要求，导致间隙漏留。
3. 不符合《屋面工程质量验收规范》GB 50207—2012 第 4.5.5 条规定。

规范标准要求

《屋面工程质量验收规范》GB 50207—2012 第 4.5.5 条规定：块体材料、水泥砂浆或细石混凝土保护层与女儿墙和山墙之间，应预留宽度为 30mm 的缝隙，缝内宜填塞聚苯乙烯泡沫塑料，并应用密封材料嵌填密实。

正确做法及防治措施

防治措施：
1. 块体面层、整体面层与女儿墙和山墙之间，应预留 30mm 宽的缝隙，周圈应连续贯通设置；
2. 施工时，埋设 30mm 厚挤塑聚苯板，与女儿墙和山墙隔开；
3. 面层施工完成后，将缝内上口 20mm 挤塑聚苯板清除，用密封材料嵌填密实。

4.2 保温与隔热

1 纤维保温中金属龙骨与基层间未采取断桥措施

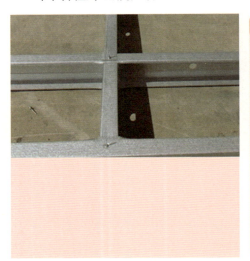

质量问题及原因分析

问题描述及原因分析：
1. 装配式骨架纤维保温施工中金属龙骨与基层间未进行节点深化，保温层在龙骨处不连续，或厚度不足，造成冷桥；
2. 不符合《屋面工程质量验收规范》GB 50207—2012 第 5.3.2 条规定。

 规范标准要求

《屋面工程质量验收规范》GB 50207—2012 第 5.3.2 条规定：金属龙骨与基层之间应采取隔热断桥措施。

正确做法及防治措施

防治措施：
1. 提前深化节点做法，金属龙骨与基层间做保温和断桥措施，避免产生冷桥；
2. 二次深化节点做法，应经原设计单位认可后方可实施。

2 纤维材料保温层破损、平整度差、拼缝不严

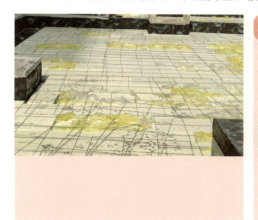

质量问题及原因分析

问题描述及原因分析：
1. 纤维材料保温层拼缝不严，铺设随意，未进行排板策划；
2. 纤维材料保温层表面破损，施工人员随意踩踏，纤维保温材料裸露；
3. 不符合《建筑节能工程施工质量验收标准》GB 50411—2019 第 7.3.1 条规定。

规范标准要求

《建筑节能工程施工质量验收标准》GB 50411—2019 第 7.3.1 条规定：屋面保温隔热层应按专项施工方案施工，并应符合下列规定：1 板材应粘贴牢固、缝隙严密、平整；2 现场采用喷涂、浇注、抹灰等工艺施工的保温层，应配合比准确计量、分层连续施工、表面平整、坡向正确。

正确做法及防治措施

防治措施：
1. 提前进行策划排板，纤维保温材料长边平行于屋脊，从屋脊向低处拉线逐排进行错缝铺设；
2. 在保温材料运输、二次搬运时做到轻拿轻放，确保材料外形完整；保温层铺设完毕后，采用铺设木板等措施，防止人员或者设备直接碾压保温层；
3. 验收合格后，尽快隐蔽，进行下一道工序施工，防止雨淋。

3 种植隔热层排水板铺设不当

质量问题及原因分析

问题描述及原因分析:
1. 种植隔热屋面排蓄水板铺设不均匀,没有进行满铺,存在遗漏现象;
2. 屋面排水板上部未铺设土工布,导致排水板内被土填满;
3. 不符合《屋面工程质量验收规范》GB 50207—2012 第 5.6.3 条规定。

规范标准要求

《屋面工程质量验收规范》GB 50207—2012 第 5.6.3 条规定:排水层施工应符合下列要求:2. 凹凸形排水板宜采用搭接法施工,网状交织排水板宜采用对接法施工。3. 排水层上应铺设过滤层土工布。第 5.6.4 条规定:过滤层土工布应沿种植土周边向上铺设至种植土高度,并应与挡墙或挡板粘牢;土工布的搭接宽度不应小于 100mm,接缝宜采用粘合或缝合。条文说明第 5.6.10 条规定:排水板应铺设平整,以满足排水的要求。凹凸形排水板宜采用搭接法施工,搭接宽度应根据产品的规格而确定;网状交织排水板宜采用对接法施工。

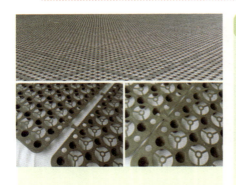

正确做法及防治措施

防治措施:
1. 排水层施工时,排水层材料的选用应与设计沟通确认,提前排板布置,不留铺设死角,按照产品规格严格实施工艺。目前市场中常用的材料中,橡胶类凹凸形排水板宜采用搭接法,塑料类凹凸形排水板宜采用卡扣连接,网状交织排水板宜采用对接法,当采用搭接法施工时,搭接宽度应根据产品规格确定。
2. 按要求铺设土工布,土工布的搭接宽度不应小于 100mm,接缝宜采用粘合或缝合。

4.3 防水与密封

1 屋面排汽管留设位置不准确

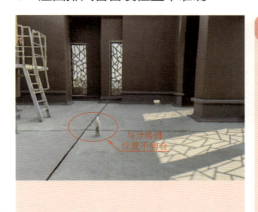

质量问题及原因分析

问题描述及原因分析：
1. 屋面找坡层的排汽管留设位置不准确，未留设在纵横分格缝交叉处。
2. 屋面策划时未统筹考虑找坡层的排汽道与面层的分格缝的留设位置。
3. 不符合《屋面工程质量验收规范》GB 50207—2012 第 6.2.16 条规定。

 规范标准要求

《屋面工程质量验收规范》GB 50207—2012 第 6.2.16 条规定：屋面排汽构造的排汽道应纵横贯通，不得堵塞；排汽管应安装牢固，位置正确，封闭应严密。

正确做法及防治措施

防治措施：
1. 屋面策划应统筹设计找坡层的排汽道与面层的分格缝的留设位置，二者应吻合一致；
2. 排汽管应设置在纵横排汽道交叉处，即面层纵横分格缝交叉处；
3. 严格屋面测量放线，确保找坡层排汽道、面层分格缝定位精准。

2　屋面出入口门槛泛水高度不足

质量问题及原因分析

问题描述及原因分析：
1. 门洞下口留设高度过低，屋面出入口泛水高度低于250mm；
2. 不符合《屋面工程质量验收规范》GB 50207—2012 第 8.8.5 条规定。

 规范标准要求

《屋面工程质量验收规范》GB 50207—2012 第 8.8.5 条规定：屋面出入口的泛水高度不应小于250mm。

正确做法及防治措施

防治措施：
1. 主体施工阶段，提前策划屋面出入口门槛做法。门槛应与主体结构一次浇筑成型。
2. 应充分考虑屋面做法厚度，确保屋面成活后，门槛高度满足泛水高度要求（不小于250mm）。
3. 门槛防水卷材在混凝土踏步下收头，做好密封处理。

3　涂膜防水层不均匀、渗漏

质量问题及原因分析

问题描述及原因分析：
1. 基层清理不到位，对基层含水率有要求的，未干燥即进行施工；
2. 材料拌合不均匀，配比不合理；
3. 屋面防水施工顺序错误，多遍涂施工方向有误；
4. 涂刷厚度不够；
5. 施工后续保护措施不到位。

 规范标准要求

《屋面工程质量验收规范》GB 50207—2012 第 6.3.8 条规定：涂膜防水层与基层应粘结牢固。表面应平整，涂布应均匀，不得有流淌、皱折、起泡和露胎体等缺陷。

正确做法及防治措施

防治措施：
1. 防水施工前，基层应清理干净，无起砂，表面含水率的测定可在基层表面放 $1m^2$ 防水卷材，周边用胶带纸封严，放置 24h，检查判定基层干燥。
2. 采用专业机械进行拌合均匀，配合比计量应准确。
3. 防水层应先施工加强部位，再进行大面施工，采用多遍涂刷的方法，应待前一道涂料干燥成膜后，进行下一遍施工，前后两遍涂刷方向垂直。
4. 涂刷厚度平均值要大于设计值，最小厚度大于设计厚度的 80%，可事先涂刷样板确定涂刷遍数及用量等参数。涂刷完后采用小刀划开，采用千分尺测定厚度。
5. 防水施工完成后，应进行淋水或蓄水试验，及时进行保护层施工。

4 涂膜防水层出现针孔

质量问题及原因分析

问题描述及原因分析：
1. 基层过于干燥，防水涂料涂刷过后基层表面的气体排出，导致防水涂膜产生针孔；
2. 涂刷不够充分，防水材料浮在基层表面，没有形成完全浸润；
3. 不符合《地下防水工程质量验收规范》GB 50208—2011 第 4.4.3 条和第 4.4.4 条规定。

 规范标准要求

《地下防水工程质量验收规范》GB 50208—2011 第 4.4.3 条规定：有机防水涂料基面应干燥。当基面较潮湿时，应涂刷湿固化型胶结剂或潮湿界面隔离剂；无机防水涂料施工前，基面应充分润湿，但不得有明水。第 4.4.4 条规定：涂料应按配合比准确计量，搅拌均匀，并应根据有效时间确定每次配制的用量；涂料应分层涂刷或喷涂，涂层应均匀，涂刷应待前遍涂层干燥成膜后进行。

正确做法及防治措施

防治措施：
1. 基层清洁、平整。干燥性要按涂料特性而定。为水乳型时，基层干燥性能适当放宽。为溶剂型时，基层一定干燥。
2. 涂膜防水施工前，应该按照设计要求的涂膜厚度和含固量算出每平方米和每道用量以及遍数。施工时应按试验用量，每道涂层分数遍涂刷，且面层至少应涂两遍以上。
3. 涂防水涂料前，应该按照其表干及实干时长决定每遍涂料用量以及间隔时长。
4. 施工完成，并检查合格后，要立马进行保护层的施工，避免防水层受到损伤。

5 密封材料嵌填质量差

质量问题及原因分析

问题描述及原因分析：
1. 屋面分格缝嵌填密封材料，出现不密实饱满、不平滑顺直等缺陷；
2. 密封材料选用不当，嵌缝施工不精细，导致嵌缝观感效果差；
3. 不符合《屋面工程质量验收规范》GB 50207—2012 第 6.5.5 条、第 6.5.8 条规定。

 规范标准要求

《屋面工程质量验收规范》GB 50207—2012 第 6.5.5 条、第 6.5.8 条规定：密封材料嵌填应密实、连续、饱满，粘接牢固，不得有气泡、开裂、脱落等缺陷；嵌填的密封材料表面应平滑，缝边应顺直，应无明显不平和周边污染。

正确做法及防治措施

防治措施：
1. 依据地域气候环境条件，选择适合屋面施工的密封材料，满足耐候、抗老化等特性；
2. 施工时，先将缝内及两侧杂物清理干净，两侧粘贴美纹纸，保护面层不受污染；
3. 在缝内嵌入聚苯乙烯泡沫塑料背衬材料，与接缝间不得留有空隙；
4. 分格缝上口嵌填密封材料，深度 15～20mm，抹压连续、密实饱满，表面平滑、缝边顺直。

4.4 瓦面与板面

1 烧结瓦和混凝土瓦铺装破损、松动、渗漏

质量问题及原因分析

问题描述及原因分析：
1. 块瓦屋面应采用干法挂瓦，未施工顺水条和挂瓦条，直接湿铺作业；
2. 持钉层应为配筋细石混凝土，施工质量差；
3. 不符合《坡屋面工程技术规范》GB 50693—2011 第 7.1.4 条规定。

规范标准要求

《坡屋面工程技术规范》GB 50693—2011 第 7.1.4 条规定：块瓦屋面应采用干法挂瓦，固定牢固，檐口部位应采取防风揭措施；第 7.2.6 条规定，屋面坡度大于 100% 或处于大风区时，块瓦固定应采取下列加强措施：1）檐口部位应有防风揭和防落瓦的安全措施；2）每片瓦应采用螺钉和金属搭扣固定；第 7.4.3 条规定：顺水条与持钉层连接、挂瓦条与顺水条连接、块瓦与挂瓦条连接应固定牢固；第 3.2.11 条规定，持钉层的厚度应符合下列规定：持钉层为细石混凝土时，厚度不应小于 35mm；第 3.2.12 条规定：细石混凝土找平层、持钉层或保护层中的钢筋网应与屋脊、檐口预埋的钢筋连接。

正确做法及防治措施

防治措施：
1. 块瓦屋面应采用干法挂瓦，施工节点做法应按照设计文件执行；
2. 瓦材与挂瓦条、挂瓦条与顺水条、顺水条与持钉层，均应固定牢固，檐口部位应采取防风揭措施；
3. 持钉层为细石混凝土时，厚度不应小于 35mm，且应按照设计文件配置钢筋，钢筋网与屋脊、檐口预埋的钢筋连接。

2 金属屋面滑动支架的滑片位置摆放错误

质量问题及原因分析

问题描述及原因分析：
1. 金属屋面滑动支架的滑片位置摆放错误；
2. 项目施工管理人员对施工队伍要求松散，质量意识薄弱；
3. 不符合《屋面工程技术规范》GB 50345—2012 第 5.9.2 条规定。

 规范标准要求

《屋面工程技术规范》GB 50345—2012 第 5.9.2 条规定：金属板屋面施工前应根据施工图纸进行深化排板图设计。金属板铺设时，应根据金属板板型技术要求和深化设计排板图进行。

正确做法及防治措施

防治措施：
滑动支架的滑动拨片根据施工时期的温度相对于全年的温度来确定其位置，一般情况下夏天的位置靠上坡放置，冬天的位置靠下坡放置，春秋放置在中间。

3 屋面金属板变形翘曲，搭接位置及长度不符合要求

质量问题及原因分析

问题描述及原因分析：
1. 屋面金属板运输及施工过程中未采取保护措施导致金属板变形；
2. 金属板材铺装前未进行排板，搭接位置及搭接长度不符合要求；
3. 不符合《屋面工程质量验收规范》GB 50207—2012 第 7.4.3 条规定。

规范标准要求

《屋面工程质量验收规范》GB 50207—2012 第 7.4.3 条规定：金属板材应根据要求板型和深化设计的排板图铺设，并应按设计图纸规定的连接方式固定。

正确做法及防治措施

防治措施：
1. 金属板材应用专用吊具安装，不得损伤金属板材；
2. 金属板材应根据要求板型和深化设计的排板图铺设；
3. 屋脊板平板配件，应采用连接件连接，沿屋脊方向每隔 50m 设置伸缩缝；
4. 压型金属板屋面的横向搭接不小于 1 个波，纵向搭接 ≥ 200mm；压型板挑出墙面的长度 ≥ 200mm；
5. 压型板伸入檐沟内的长度 ≥ 150mm；压型板与泛水的搭接宽度 ≥ 200mm。

4.5 细部构造

1 屋面出入口未设置雨篷

质量问题及原因分析

问题描述及原因分析：
1. 屋面出入口上方未设置雨篷，存在雨水侵入室内的隐患；
2. 不符合《民用建筑通用规范》GB 55031—2022 第 5.1.3 条规定。

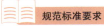规范标准要求

《民用建筑通用规范》GB 55031—2022 第 5.1.3 条规定：建筑出入口处应采取防止室外雨水侵入室内的措施。

正确做法及防治措施

防治措施：
1. 在屋面策划阶段，应全数检查图纸中出入口是否设计雨篷；
2. 若前期施工未考虑安装雨篷，后期可采用轻质雨篷，防止雨水侵入室内。

2 屋面檐口部位有渗漏现象

质量问题及原因分析

问题描述及原因分析：
1. 檐口防水收口密封不好，导致裂缝、张口而渗漏水；
2. 檐口下端鹰嘴或滴水槽未设置或设置不明显，未起到作用；
3. 檐口防水卷材未满粘，有空隙造成渗漏；
4. 不符合《屋面工程质量验收规范》GB 50207—2012 第 8.2.2 条规定。

规范标准要求

《屋面工程质量验收规范》GB 50207—2012 第 8.2.2 条规定：檐口部位不得有渗漏和积水现象。

正确做法及防治措施

防治措施：
1. 防水收至檐口边，用水泥钉配钢板压条固定，密封胶封严；
2. 挑檐边沿下部用水泥砂浆做鹰嘴和滴水槽，滴水槽深度和宽度均为 20mm；
3. 无组织排水檐口 800mm 范围内卷材应采用满粘法。

3 屋面集水沟深度过浅

质量问题及原因分析

问题描述及原因分析：
1. 集水沟分水线（或最高点）深度不满足 100m；
2. 不符合《民用建筑设计统一标准》GB 50325—2019 第 6.14.5 条规定。

 规范标准要求

《民用建筑设计统一标准》GB 50325—2019 第 6.14.5 条规定：集水沟的平面尺寸应满足汇水要求和雨水斗的安装要求，集水沟宽度不宜小于 300mm，有效深度不宜小于 250mm，集水沟分水线处最小深度不应小于 100mm。

正确做法及防治措施

防治措施：
1. 结合设计图对屋面集水沟进行全面策划，明确最低点水沟深度，满足保温、排水要求；
2. 根据策划方案，加强施工过程中集水沟完成面标高、坡度控制。

4 屋面排水沟距离女儿墙或山墙过近

紧贴山墙根部

质量问题及原因分析

问题描述及原因分析：
1. 屋面排水沟紧贴女儿墙或山墙根部设置，是防水渗漏的薄弱部位，易造成积水和渗漏隐患；
2. 屋面策划考虑不周，屋面排水沟与女儿墙、山墙根部之间没有留出距离设置弧形泛水角保护；
3. 不符合《屋面工程质量验收规范》GB 50207—2012 第 8.4.3 条规定。

规范标准要求

《屋面工程质量验收规范》GB 50207—2012 第 8.4.3 条规定：女儿墙和山墙的根部不得有渗漏和积水现象。

正确做法及防治措施

防治措施：
1. 屋面排水沟与女儿墙、山墙的根部之间应深化留出距离，设置弧形泛水角和分格缝保护防水；
2. 排水沟距墙面距离宜为 250～300mm，贴砖屋面宜为泛水角宽度+整砖尺寸；
3. 排水沟两侧屋面均向沟内排水，应平整顺直，无空鼓开裂。

5　女儿墙防水卷材收头做法不当

质量问题及原因分析

问题描述及原因分析：
1. 女儿墙未留设泛水槽，卷材收头未采用金属压条钉压固定；
2. 女儿墙深化未考虑留设泛水槽，结构施工时漏留泛水槽；
3. 不符合《屋面工程质量验收规范》GB 50207—2012 第 8.4.5 条规定。

规范标准要求

《屋面工程质量验收规范》GB 50207—2012 第 8.4.5 条规定：女儿墙和山墙的卷材应满粘，卷材收头应用金属压条钉压固定，并用密封材料封严。

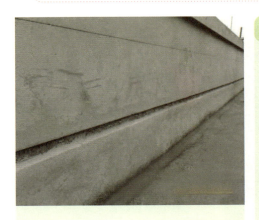

正确做法及防治措施

防治措施：
1. 女儿墙结构施工时，应严格按计算的泛水高度准确留设泛水槽和泛水檐；
2. 采用高 50mm、宽 18mm 木条钉固在女儿墙模板上预留出泛水槽；
3. 女儿墙防水卷材应满粘，粘铺至泛水槽内进行收头，收头采用金属压条钉压固定，并用密封材料封严。

6 女儿墙抹灰层开裂

质量问题及原因分析

问题描述及原因分析：
1. 女儿墙基层抹灰未提前湿水，或者甩浆毛刺强度、长度、密度不够；
2. 女儿墙未设置竖向分隔缝；
3. 女儿墙不同材料交界面未设置抗裂网；
4. 不符合《建筑装饰装修工程质量验收标准》GB 50210—2018 第 4.2.8 条规定。

规范标准要求

《建筑装饰装修工程质量验收标准》GB 50210—2018 第 4.2.8 条规定：抹灰分隔缝的设置应符合设计要求，宽度和深度应均匀，表面应光滑，棱角应整齐。

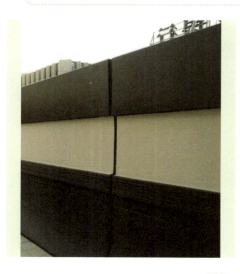

正确做法及防治措施

防治措施：
1. 女儿墙抹灰前，拍浆到位，不同材料交界面要设置抗裂网，抹灰要分层施工；
2. 女儿墙设置竖向分隔缝，分隔缝与地面分隔缝拉通，分隔缝延伸至女儿墙顶部平面，女儿墙竖向分隔缝不大于 4m；
3. 抹灰完成后浇水养护 14～28d（根据当地气候条件确定）。

7 女儿墙压顶滴水构造不正确

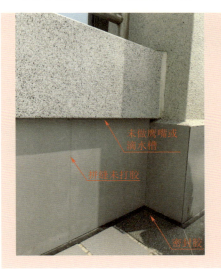

质量问题及原因分析

问题描述及原因分析：
1. 女儿墙压顶采用定制材料，压顶内侧下端未做成鹰嘴形状或滴水槽；
2. 金属扣板与墙面交接处未打胶处理，雨水容易渗入墙身金属板内，将造成长期浸泡防水层在墙面的收头；
3. 不符合《屋面工程质量验收规范》GB 50207—2012 第 8.4.2 条规定。

规范标准要求

《屋面工程质量验收规范》GB 50207—2012 第 8.4.2 条规定：女儿墙和山墙的压顶向内排水坡度不应小于5%，压顶内侧下端应做成鹰嘴或滴水槽。

压顶下端滴水槽做法

板材拼缝打胶处理

正确做法及防治措施

防治措施：
1. 女儿墙的压顶无论是金属板还是石材做法，内侧下端转角处都可以在预制加工阶段做出滴水线，金属板宜加工成鹰嘴形状，石材可加工出滴水槽；
2. 女儿墙压顶扣板与墙身板材出现拼缝时，应采用密封胶处理。

8 侧排水落口周围坡度不足

质量问题及原因分析

问题描述及原因分析：
1. 侧排水落口周围坡度不够，小于5%；
2. 技术交底中没有明确侧排水落口周围的找坡范围与坡度，找坡层施工时没有严格控制；
3. 不符合《屋面工程质量验收规范》GB 50207—2012 第 8.5.4 条规定。

规范标准要求

《屋面工程质量验收规范》GB 50207—2012 第 8.5.4 条规定：水落口周围直径 500mm 范围内坡度不应小于 5%，水落口周围的附加层铺设应符合设计要求。

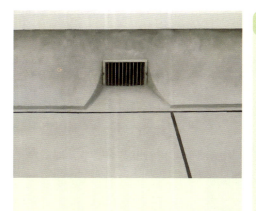

正确做法及防治措施

防治措施：
1. 依据施工图确定好侧排水落斗的安装位置及标高，并精准定位安装；
2. 找坡层施工时，确定好侧排水落口周围的找坡范围，宜找成梯形或局部降低做成方形，梯形宽度或方形边长宜为 500～1000mm，坡度不应小于 5%；
3. 侧排水落口周围的保温可适当减薄，确保屋面面层的坡度也不小于 5%。

9 直排水落口周围坡度不足

质量问题及原因分析

问题描述及原因分析：
1. 直排水落口与女儿墙、出屋面结构等距离较近，导致水落口周围的排水坡度不够；
2. 直排水落口安装位置未进行深化设计，导致距离女儿墙、出屋面结构等较近，无法满足坡度要求；
3. 不符合《屋面工程质量验收规范》GB 50207—2012 第 8.5.4 条规定。

规范标准要求

《屋面工程质量验收规范》GB 50207—2012 第 8.5.4 条规定：水落口周围直径 500mm 范围内坡度不应小于 5%，水落口周围的附加层铺设应符合设计要求。

正确做法及防治措施

防治措施：
1. 复核直排水落口的安装位置及标高，距离女儿墙、出屋面结构等较近时应进行适当调整；
2. 直排水落口与女儿墙、出屋面结构的距离不宜小于 500mm；
3. 附墙柱安装的水落管，在顶层应增设弯头和斜管，将水落口调整到合适的安装位置，以确保水落口周围的找坡范围和坡度满足要求。

10　水落口周边积水

质量问题及原因分析

问题描述及原因分析：
1. 屋面面层坡向不正确，导致积水；
2. 水落口位置不准确，标高偏差大；
3. 水落口周边500mm范围内坡度不足，坡向错误；
4. 不符合《屋面工程质量验收规范》GB 50207—2012 第 8.5.2 条规定。

规范标准要求

《屋面工程质量验收规范》GB 50207—2012 第 8.5.2 条规定：水落口杯上口应设在沟底的最低处；水落口处不得有渗漏和积水现象；第 8.5.4 条规定：水落口周围直径500mm范围内坡度不应小于5%，水落口周围的附加层铺设应符合设计要求。

正确做法及防治措施

防治措施：
1. 水落口下沿与防水层平齐，保证出水口位置及尺寸准确；
2. 直落式水落口采用铸铁带止水翼缘的，水落口内净面积不小于设计雨水管面积；
3. 水落口施工时，应预留附加层铺设厚度，控制好最低点的标高，水落口周边500mm范围排水坡度应不小于5%，防水材料应卷入水落口不小于80mm。

11　屋面金属水落口存在锈蚀现象

质量问题及原因分析

问题描述及原因分析：
1. 屋面金属水落口存在锈蚀现象；
2. 不符合《屋面工程技术规范》GB 50345—2012 第 4.11.16 条第 1 款的规定。

《屋面工程技术规范》GB 50345—2012 第 4.11.16 条第 1 款规定：水落口可采用塑料或金属制品，水落口的金属配件均应作防锈处理。

正确做法及防治措施

防治措施：
将雨水斗、焊接件内外壁打磨后，涂防锈漆两遍，刷面漆两遍。

12 屋面水落口周边找坡不足

质量问题及原因分析

问题描述及原因分析：
1. 屋面水落口细部做法不到位，找坡坡度过小；
2. 不符合《屋面工程质量验收规范》GB 50207—2012 第 8.5.4 条规定。

 规范标准要求

《屋面工程质量验收规范》GB 50207—2012 第 8.5.4 条规定：水落口周围直径 500mm 范围内坡度不应小于 5%，水落口周围的附加层铺设应符合设计要求。

正确做法及防治措施

防治措施：
1. 屋面找平层施工前根据水落口位置确定好排水走向，测量和确定最高点标高和水落口的标高控制点，并设置施工标志；
2. 从结构工程施工开始，施工中应严格控制水落口的标高，防止水落口标高过高。

13　伸出屋面管道根部渗漏

质量问题及原因分析

问题描述及原因分析：
1. 出屋面管道根部未做混凝土墩台，管道与屋面板之间未填塞密实，导致渗漏；
2. 卷材防水层收头未采用金属箍固定，导致卷材防水层与管道之间产生缝隙导致渗漏；
3. 不符合《屋面工程质量验收规范》GB 50207—2012 第 8.7.2 条规定。

规范标准要求

《屋面工程质量验收规范》GB 50207—2012 第 8.7.2 条规定：伸出屋面管道根部不得有渗漏和积水现象。

正确做法及防治措施

防治措施：
1. 主体施工阶段，预埋防水套管，减少漏水隐患。
2. 做好管道与洞口之间的密封处理。浇筑 2/3 高度的细石混凝土后，使用防水油膏进行嵌缝密封，达到防水密封的效果。
3. 出屋面管道根部应做好防水卷材附加层，卷材高度不得低于泛水高度。

14 屋面变形缝盖板做法不正确

变形缝施工错误

质量问题及原因分析

问题描述及原因分析：
1. 变形缝处盖板采用纯刚性连接；
2. 变形缝盖板施工时未考虑后期变形影响；
3. 不符合《屋面工程质量验收规范》GB 50207—2012 第 8.6.5 条、第 8.6.6 条规定。

规范标准要求

《屋面工程质量验收规范》GB 50207—2012 第 8.6.5 条规定：等高变形缝顶部宜加扣混凝土或金属盖板。混凝土盖板的接缝应用密封材料封严；金属盖板应铺钉牢固，搭接缝应顺流水方向，并应做好防锈处理。第 8.6.6 条规定：高低跨变形缝在高跨墙面上的防水卷材封盖和金属盖板，应用金属压条钉压固定，并应用密封材料封严。

正确做法及防治措施

防治措施：
1. 变形缝材料的定制，应考虑排水要求，设置不小于 5% 的坡度，避免产生积水现象；
2. 变形缝顶部加扣金属盖板时，金属盖板应铺钉牢固，搭接缝应顺流水方向，并应做好防锈处理。同时金属盖板中间应做 V 字形变形缝。

15 屋面变形缝处渗漏

质量问题及原因分析

问题描述及原因分析：
1. 变形缝处渗漏；
2. 变形缝的防水细部构造处理不当；
3. 由于沉降，防水层被强行变形拉扯，产生断裂；
4. 反坎与屋面相交的阴角处未做圆弧角；
5. 屋面变形缝未设置反坎；
6. 不符合《屋面工程质量验收规范》GB 50207—2012 第 8.6.2 条规定。

 规范标准要求

《屋面工程质量验收规范》GB 50207—2012 第 8.6.2 条规定：变形缝处不得有渗漏和积水现象。

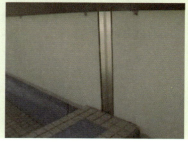

正确做法及防治措施

防治措施：
1. 变形缝处设附加层，应在接缝处留成 U 形槽，并用衬垫材料填好；
2. 出屋面反坎的混凝土与结构板混凝土一起浇筑，避免留置施工缝；
3. 反坎与屋面相交阴角做半径不小于 50mm 的圆角，防水附加层应从阴角开始上反和水平延伸各不小于 250mm；
4. 屋面变形缝内的空隙，应采用弹性密封材料，再用沥青麻丝将缝隙塞紧，外面抹一层建筑密封胶；
5. 防水收边用金属压条固定，周边打满密封胶。

16　屋面变形缝处栏杆未断开设置

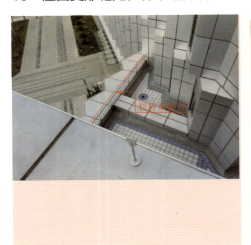

质量问题及原因分析

问题描述及原因分析：
1. 屋面变形缝处栏杆未断开设置；
2. 不符合《民用建筑设计统一标准》GB 50352—2019 第 6.10.5-1 条规定。

规范标准要求

《民用建筑设计统一标准》GB 50352—2019 第 6.10.5-1 条规定：变形缝应按设缝的性质和条件设计，使其在产生位移或变形时不受阻，且不破坏建筑物。

正确做法及防治措施

防治措施：
1. 做好连墙件预埋，保证扶手安装牢固；
2. 屋面变形缝处栏杆应断开设置；
3. 若屋面栏杆兼做接闪带，则应用接闪导线连通，且接闪导线应具备收缩补偿功能。

17 伸出屋面管道安装位置不合理

质量问题及原因分析

问题描述及原因分析：
1. 伸出屋面管道与女儿墙（或山墙）、通风帽较近，泛水角与管道保护墩台相互干涉，局部存在渗漏隐患；
2. 伸出屋面管道位置未进行深化设计，直接按原施工图安装，导致与女儿墙（或山墙）、通风帽等距离较近，导致相互干涉影响；
3. 不符合《屋面工程质量验收规范》GB 50207—2012 第 8.7.2 条规定。

规范标准要求

《屋面工程质量验收规范》GB 50207—2012 第 8.7.2 条规定：伸出屋面管道根部不得有渗漏和积水现象；第 8.7.4 条规定：伸出屋面管道周围的找平层应抹出高度不小于 30mm 的排水坡。

正确做法及防治措施

防治措施：
1. 复核伸出屋面管道的安装位置，距离女儿墙（或山墙）、通风帽等较近时应进行适当调整；
2. 伸出屋面管道与女儿墙（或山墙）、通风帽等距离不宜小于 200mm；
3. 附墙安装的管道，在顶层应增设弯头和水平管，将伸出屋面管道调整到合适的安装位置，以保证其保护墩台（或圆管）与女儿墙（或山墙）、通风帽等的泛水角互不干涉。

18　伸出屋面管道泛水未做保护或保护高度不足

质量问题及原因分析

问题描述及原因分析：
1. 伸出屋面管道泛水未做保护或保护高度不够，防水卷材全部或部分裸露，存在老化破坏从而造成渗漏隐患；
2. 不符合《屋面工程质量验收规范》GB 50207—2012 第 8.7.2 条规定。

规范标准要求

《屋面工程质量验收规范》GB 50207—2012 第 8.7.2 条规定：伸出屋面管道根部不得有渗漏和积水现象。

正确做法及防治措施

防治措施：
1. 在施工方案与技术交底中应明确伸出屋面管道的泛水保护的细部做法，保护高度不应小于泛水高度（250mm）；
2. 可设置混凝土墩台保护，加工定型模具浇筑成型；
3. 可使用外套圆管加以保护，保护圆管应嵌固牢靠，与管道之间嵌填柔性材料，并保持同心；
4. 保护墩台或保护圆管顶部与管道间应用密封材料封严。

19　屋面反梁过水孔留设位置不合理

过水孔底高于屋面面层

质量问题及原因分析

问题描述及原因分析：
1. 屋面反梁过水孔的孔底标高预留不精准，孔洞尺寸较小或部分遮挡；
2. 过水孔位置及标高未进行深化设计，未在结构施工图中标明；
3. 不符合《屋面工程质量验收规范》GB 50207—2012 第 8.9.3 条规定。

规范标准要求

《屋面工程质量验收规范》GB 50207—2012 第 8.9.3 条规定：反梁过水孔的孔底标高、孔洞尺寸或预埋管管径，均应符合设计要求。

正确做法及防治措施

防治措施：
1. 屋面反梁过水孔尺寸应满足通畅排水需求，孔洞高×宽不应小于 150mm×250mm，预埋管内径不宜小于 75mm；
2. 过水孔应进行深化设计，依据排水方向与坡度，预先确定安装位置及标高，并在结构施工图中予以标明；
3. 反梁结构施工时应做好测量定位复核，确保孔底标高安装精准；
4. 控制好找坡层、找平层施工，确保过水孔部位排水顺畅、不积水。

20　屋面设备基础未做弧形角

质量问题及原因分析

问题描述及原因分析：
1. 屋面设备基础根部是防水渗漏的薄弱部位，没有设置弧形泛水角保护，易造成积水和渗漏隐患；
2. 屋面策划考虑不周，屋面设备基础根部没有深化设计弧形泛水角保护；
3. 不符合《屋面工程质量验收规范》GB 50207—2012 第 8.10.2 条规定。

规范标准要求

《屋面工程质量验收规范》GB 50207—2012 第 8.10.2 条规定：设施基座处不得有渗漏和积水现象。

正确做法及防治措施

防治措施：
1. 屋面设备基础的根部应深化设计保护防水的泛水角和分格缝，连续交圈设置，出基础宽度宜为 100~150mm，凸出侧面和屋面宜为 10~20mm；
2. 泛水角宜采用 C20 细石混凝土整体抹压成型，抹成大圆弧角，半径同出墙宽度；
3. 泛水角应采取挂网抹灰找平、覆膜保水养护等抗裂措施，并设置分格缝，与屋面分格缝呼应；
4. 块材屋面可利用泛水角消化非整砖尺寸。

21　屋面设施基础防水卷材未完全包裹导致渗漏

质量问题及原因分析

问题描述及原因分析：
1. 屋面设施基础防水卷材未完全包裹，导致渗漏；
2. 不符合《屋面工程质量验收规范》GB 50207—2012 第 8.10.3 条规定。

 规范标准要求

《屋面工程质量验收规范》GB 50207—2012 第 8.10.3 条规定：设施基座与结构层相连时，防水层应包裹设施基座的上部，并应在地脚螺栓周围做密封处理。

正确做法及防治措施

防治措施：
1. 设施基座与结构层相连时，防水层应包裹设施基座的上部；
2. 屋面设施基座根部应设置 50mm 圆弧，保证防水层圆滑过渡。

22　屋脊不平，有起伏现象

质量问题及原因分析

问题描述及原因分析：
1. 屋脊基层平整度差，导致屋脊铺设不顺直，存在起伏现象；
2. 不符合《屋面工程质量验收规范》GB 50207—2012 第 8.11.3 条规定。

规范标准要求

《屋面工程质量验收规范》GB 50207—2012 第 8.11.3 条规定：平脊和斜脊铺设应顺直，应无起伏现象。

正确做法及防治措施

防治措施：
1. 屋脊施工前应对基层进行处理，确保基层平整度与顺直度。
2. 瓦片的安装应从屋脊开始，逐渐向两侧延伸。首先，在屋脊上涂抹一层水泥砂浆，然后将第一块瓦片放置在上面，用木槌轻轻敲打使其牢固固定。
3. 如果屋脊有明显的凹凸不平或破损，可以进行修补和整平。修补时，可以使用水泥砂浆或特殊的屋面修补材料，将破损的部分填补平整，并确保与周围的瓦片平齐。

23 坡屋面老虎窗底部渗漏

质量问题及原因分析

问题描述及原因分析：
1. 窗下部混凝土反坎预留尺寸不足，未考虑保温层厚度，导致防水卷材上翻高度不足、防水无法收口、屋面面层标高超窗下口等多种渗漏隐患；
2. 窗框底部塞缝处理存在缺陷；
3. 不符合《屋面工程质量验收规范》GB 50207—2012 第 8.12.2 条规定。

规范标准要求

《屋面工程质量验收规范》GB 50207—2012 第 8.12.2 条规定：屋顶窗及其周围不得有渗漏现象。

正确做法及防治措施

防治措施：
1. 结构施工前，图审阶段，重点关注老虎窗下口反坎高度与屋面各层构造做法之间的尺寸关系，确保防水层上翻高度符合要求；
2. 验收重点关注老虎窗下口防水层上翻高度应大于 250mm；
3. 加窗框底部应采用干硬性砂浆密实填塞。

4.6 其他

1 屋面钢爬梯设置不规范

质量问题及原因分析

问题描述及原因分析：
1. 钢爬梯未采取防攀爬措施；
2. 钢爬梯下端起步踏棍距屋面面层距离大于 450mm；
3. 梯段高度大于 3m 时，未设置安全护笼；
4. 不符合《固定式钢梯及平台安全要求 第 1 部分：钢直梯》GB 4053.1—2009 中第 5.3.2 条等规定。

规范标准要求

《固定式钢梯及平台安全要求 第 1 部分：钢直梯》GB 4053.1—2009 中第 5.3.2 条规定：梯段高度大于 3m 时宜设置安全护笼；第 5.5.1 条规定：梯子下端的第一节踏棍距基准面距离应不大于 450mm；第 5.7.1 条规定：护笼宜采用圆形结构，应包括一组水平笼箍和至少 5 根立杆；第 5.7.6 条规定：护笼底部距梯段下端基准面应不小于 2100 mm，不大于 3000 mm。

正确做法及防治措施

防治措施：
1. 应充分考虑钢爬梯的正常使用和安全要求，参考标准图集，做好钢爬梯的选型；
2. 梯段高度大于 3m 时，设置护笼，护笼起始高度不得小于 2100mm；
3. 做好防攀爬装置，防止非工作人员攀爬；
4. 起步踏棍距屋面面层距离不得大于 450mm。

2 屋面钢直梯支撑角钢朝口向上

质量问题及原因分析

问题描述及原因分析：
1. 屋面钢直梯支撑角钢朝口向上，易造成积水，引起锈蚀；
2. 不符合《固定式钢梯及平台安全要求 第1部分：钢直梯》GB 4053.1—2009 第 4.5.1 条的规定。

 规范标准要求

《固定式钢梯及平台安全要求 第1部分：钢直梯》GB 4053.1—2009 第 4.5.1 条的规定：固定式钢直梯的设计应使其积留湿气最小，以减少梯子的锈蚀和腐蚀。

正确做法及防治措施

防治措施：
1. 深化设计图中和技术交底中明确角钢安装朝向；
2. 屋面钢直梯支撑角钢安装时，全数检查角钢开口向下，不积水。

第 5 章

建筑给水排水及采暖

第5章 建筑给水排水及采暖

5.1 室内给水系统

1 穿墙或楼板处管道套管安装不规范

质量问题及原因分析

问题描述及原因分析：
1. 管道穿套管间隙不一致；
2. 套管与墙面不相平；
3. 不符合《建筑给水排水及采暖工程施工质量验收规范》GB 50242—2002 第 3.3.13 条规定。

规范标准要求

《建筑给水排水及采暖工程施工质量验收规范》GB 50242—2002 第 3.3.13 条规定：管道穿过墙壁和楼板，应设置金属或塑料套管。安装在楼板内的套管，其顶部应高出装饰地面 20mm；安装在卫生间及厨房内的套管，其顶部应高出装饰地面 50mm，底部应与楼板底面相平；安装在墙壁内的套管其两端与饰面相平。穿过楼板的套管与管道之间缝隙应用阻燃密实材料和防水油膏填实，端面光滑。穿墙套管与管道之间缝隙宜用阻燃密实材料填实，且端面应光滑。管道的接口不得设在套管内。

正确做法及防治措施

防治措施：
1. 套管选用规格应正确，要考虑管道保温或保冷层厚度，使保温或保冷层在套管内不间断；
2. 套管位置正确，固定牢固；
3. 穿越楼板、墙体的管道套管高度应符合规范要求，套管应与管道间隙均匀；
4. 套管与管道之间应密封处理，密封材料应满足防水、防火、绝热等要求。

2　生活水箱人孔未安装锁具

质量问题及原因分析

问题描述及原因分析：
1. 生活水箱人孔未安装锁具；
2. 生活水箱应密闭并设锁具，以防止发生安全或其他事故；
3. 不符合《建筑给水排水与节水通用规范》GB 55020—2021 第 3.3.1 条规定。

规范标准要求

《建筑给水排水与节水通用规范》GB 55020—2021 第 3.3.1 条第 4 款规定：生活饮用水池（箱）、水塔人孔应密闭并设锁具，通气管、溢流管应有防止生物进入水池（箱）的措施。

正确做法及防治措施

防治措施：
1. 施工人员提前沟通水箱加工人员或供货厂家，确定人孔预留位置，和锁具安装点；
2. 做好交付说明，与物业或使用单位做好使用交底。

3 生活饮用水箱溢流管无防止生物进入水箱的措施

质量问题及原因分析

问题描述及原因分析：
1. 未按生活水箱安装工艺标准要求安装防虫网；
2. 不符合《建筑给水排水与节水通用规范》GB 55020—2021 第 3.3.1 条规定。

 规范标准要求

《建筑给水排水与节水通用规范》GB 55020—2021 第 3.3.1 条规定：生活饮用水池（箱）、水塔人孔应密闭并设锁具，通气管、溢流管应有防止生物进入水池（箱）的措施。

正确做法及防治措施

防治措施：
1. 应按照生活水箱安装工艺要求施工。
2. 溢流管应引至排水沟上方，与排水沟篦子的间距不应小于50mm。断面平整光滑并做好防腐处理。
3. 在溢流管、透气管的管口端设置 200 目防虫网。防虫网应由防腐材料制作，断面切割平整，用不锈钢喉箍固定在管端。

4　水泵吸水管低于吸水总管连接

吸水管低于吸水总管

质量问题及原因分析

问题描述及原因分析：
1. 水泵吸水管低于吸水总管连接；
2. 在运行过程中，容易导致吸水管内积聚空气，影响水泵正常和连续运行；
3. 不符合《建筑给水排水设计标准》GB 50015—2019 第 3.9.6 条及《消防给水及消火栓系统技术规范》GB 50974—2014 第 5.1.13 条的规定。

规范标准要求

1.《建筑给水排水设计标准》GB 50015—2019 第 3.9.6 条第 4 款规定：水泵吸水管与吸水总管的连接应采用管顶平接，或高出管顶连接；
2.《消防给水及消火栓系统技术规范》GB 50974—2014 第 5.1.13 条第 2 款：消防水泵吸水管布置应避免形成气囊。

正确做法及防治措施

防治措施：
1. 施工前认真审图，确定系统管路走向；
2. 设备及管道安装前，要认真进行策划排布，确定管道及设备的安装位置和标高。

5　水箱进水口与溢流口标高错误

质量问题及原因分析

问题描述及原因分析：
1. 进水口标高低于溢流口；
2. 水箱加工前未按照规范要求对厂家进行进水口与溢流口标高进行交底；
3. 不符合《民用建筑设计统一标准》GB 50352—2019 第 3.3.5 条第 1 款、《建筑给水排水设计标准》GB 50015—2019 第 3.3.6 条第 1 款、《消防给水及消火栓系统技术规范》GB 50974—2014 第 5.2.6 条第 6 款规定。

规范标准要求

1.《民用建筑设计统一标准》GB 50352—2019 第 3.3.5 条第 1 款规定：进水管口最低点高出溢流边缘的空气间隙不应小于进水管管径，且不应小于 25mm，可不大于 150mm；
2.《建筑给水排水设计标准》GB 50015—2019 第 3.3.6 条第 1 款规定：向消防等其他非供生活饮用的贮水池（箱）补水时，其进水管口最低点高出溢流边缘的空气间隙不应小于 150mm；
3.《消防给水及消火栓系统技术规范》GB 50974—2014 第 5.2.6 条第 6 款规定：进水管应在溢流水位以上接入，进水管口的最低点高出溢流边缘的高度应等于进水管管径，但最小不小于 100mm，最大不应大于 150mm。

正确做法及防治措施

防治措施：
1. 按照规范要求，提前对厂家做好交底，设置好进水口和溢流口的位置，以免造成回流污染；
2. 采取水箱上部进水方式。

6 管道穿越变形缝时未采取抗变形措施

质量问题及原因分析

问题描述及原因分析：
1. 管道穿越变形缝时未设置伸缩节；
2. 不符合《自动喷水灭火系统施工及验收规范》GB 50261—2017 第 5.1.9 条规定。

 规范标准要求

《自动喷水灭火系统施工及验收规范》GB 50261—2017 第 5.1.9 条规定：管道穿过建筑物的变形缝时，应采取抗变形措施。

正确做法及防治措施

防治措施：
1. 管道穿越建筑物变形缝时，应设置补偿装置，且两端设支架；
2. 认真学习规范要求，了解规范意图。

7 末端喷头与支架间距离超标

末端喷头之间的距离大于750mm

质量问题及原因分析

问题描述及原因分析：
1. 末端喷头与支架间距离超过规范规定的 750mm；
2. 不符合《自动喷水灭火系统施工及验收规范》GB 50261—2017 第 5.1.8 条规定。

 规范标准要求

《自动喷水灭火系统施工及验收规范》GB 50261—2017 第 5.1.8 条第 3 款规定：管道支吊架的安装位置不应妨碍喷头的喷水效果；管道支吊架与喷头之间的距离不宜小于300mm；与末端喷头之间的距离不宜大于750mm。

管道支吊架与喷头之间的距离不宜小于300mm；与末端喷头之间的距离不宜大于750mm

正确做法及防治措施

防治措施：
1. 严格按照规范要求施工；
2. 对施工班组做好技术交底。

8 地下式消防水泵接合器进水口距井盖底面距离大于0.4m

质量问题及原因分析

问题描述及原因分析：
1. 地下式消防水泵接合器进水口距离井盖底面距离大于0.4m；
2. 施工方案或技术交底未按规范要求交底；
3. 不符合《消防给水及消火栓系统技术规范》GB 50974—2014 第12.3.6条要求。

规范标准要求

《消防给水及消火栓系统技术规范》GB 50974—2014 第12.3.6条规定：地下式消防水泵接合器的安装，应使进水口与井盖底面的距离不大于0.4m，且不应小于井盖的半径。

正确做法及防治措施

防治措施：
1. 在专项施工方案或技术交底中明确：地下式消防水泵接合器顶部进水口与井盖底面的距离不大于0.4m；
2. 距离大于0.4m时要用短管连接，上引至0.4m以内。

5.2 室内排水系统

1 屋面通气管遇到门窗等部位安装高度错误

质量问题及原因分析

问题描述及原因分析：
1. 门窗周边4m范围内通气管未高出门、窗上沿600mm或未引向无门、窗的一侧；
2. 不符合《建筑给水排水及采暖工程施工质量验收规范》GB 50242—2002 第5.2.10条及《建筑给水排水设计标准》GB 50015—2019 第4.7.12条规定。

规范标准要求

1.《建筑给水排水及采暖工程施工质量验收规范》GB 50242—2002 第5.2.10条规定：在通气管出口4m以内有门、窗时，通气管应高出门、窗顶600mm或引向无门、窗一侧；
2.《建筑给水排水设计标准》GB 50015—2019 第4.7.12条：在通气管口周围4m以内有门窗时，通气管口应高出窗顶0.6m或引向无门窗一侧。

正确做法及防治措施

防治措施：
1. 在主体结构施工阶段，提前策划屋面整体的排布方案，重点关注需加高、移位的通气管，精确定位；
2. 策划时应注意，在通气管出口4m以内有门、窗时，通气管应高出门、窗顶600mm或引向无门、窗一侧；
3. 排气管的高度还应符合以下规定：（1）不上人屋面通气管高出屋面不得小于0.3m，且应大于最大积雪厚度。（2）上人屋面通气管口应高出屋面2m。

2 洗手池台下盆无支架

质量问题及原因分析

问题描述及原因分析：
1. 洗手池台下盆无支架承载，容易造成盆体脱落；
2. 过程工序验收未按照施工工艺标准进行；
3. 不符合《建筑给水排水及采暖工程施工质量验收规范》GB 50242—2002 第 7.2.6 条规定。

规范标准要求

《建筑给水排水及采暖工程施工质量验收规范》GB 50242—2002 第 7.2.6 条规定：卫生器具的支、托架必须防腐良好，安装平整、牢固，与器具接触紧密、平稳。

正确做法及防治措施

防治措施：
1. 根据洗手池的尺寸，提前定制支架；
2. 支架应安装牢固，平整；
3. 支、托架必须防腐良好，不应锈蚀进而影响承载力；
4. 施工完成后，按照规范要求进行验收。

5.3 卫生器具

无障碍卫生间设施缺失或安装不规范

质量问题及原因分析

问题描述及原因分析：
1. 无障碍卫生间一侧缺失L形抓杆，缺失低位挂衣钩、低位搁物架、缺失救助呼叫装置；
2. 无障碍洗手盆上方未安装镜子；
3. 施工单位审图时未及时发现无障碍设施缺失问题；
4. 不符合《建筑与市政工程无障碍通用规范》GB 55019—2021第3.1.7条、3.1.8条、3.1.10条及《无障碍设计规范》GB 50763—2012第3.9.3条规定。

规范标准要求

1. 《建筑与市政工程无障碍通用规范》GB 55019—2021第3.1.7条规定：低位挂衣钩、低位毛巾架、低位搁物架距地面高度不应大于1.20m；第3.1.8条：无障碍坐便器两侧应设置安全抓杆，轮椅接近坐便器一侧应设置可垂直或水平90°旋转的水平抓杆，另一侧应设置L形抓杆；第3.1.10条：无障碍洗手盆上方安装镜子，镜子反光面的底端距地面的高度不应大于1.00m。
2. 《无障碍设计规范》GB 50763—2012第3.9.3条：在坐便器旁的墙面上应设高400mm～500mm的救助呼叫按钮。

正确做法及防治措施

防治措施：
1. 熟悉掌握《建筑与市政工程无障碍通用规范》GB 55019—2021要求；
2. 严格进行图纸会审，规范无障碍设施做法；
3. 做好无障碍设施的质量策划、技术交底及质量验收工作。

5.4 室内供暖系统

1 管道变径位置错误

质量问题及原因分析

问题描述及原因分析：
1. 采暖管道变径连接未做技术交底，变径随意性较大；
2. 未按照不同管道变径上平、下平及同心变径的施工工艺要求实施；
3. 变径错误会引起水锤或者集气导致管道内介质流通不畅；
4. 不符合《建筑给水排水及采暖工程施工质量验收规范》GB 50242—2002 第 8.2.11 条规定。

规范标准要求

《建筑给水排水及采暖工程施工质量验收规范》GB 50242—2002 第 8.2.11 条规定：上供下回式系统的热水干管变径应顶平偏心连接，蒸汽干管变径应底平偏心连接。

正确做法及防治措施

防治措施：
1. 应根据管道内的介质性质确定变径要求施工；
2. 管道施工要根据介质进行管道变径的针对性交底。

2 散热器温控阀安装方向错误

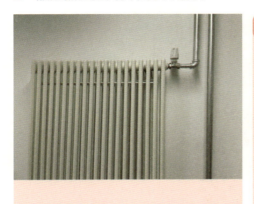

质量问题及原因分析

问题描述及原因分析：
1. 散热器温控阀采用立式安装；
2. 不了解温控阀工作原理；
3. 温控阀安装技术交底不到位；
4. 不符合《建筑节能工程施工质量验收标准》GB 50411—2019 第 9.2.6 条规定。

规范标准要求

《建筑节能工程施工质量验收标准》GB 50411—2019 第 9.2.6 条第 2 款规定：明装散热器恒温阀不应安装在狭小和封闭空间，其恒温阀阀头应水平安装并远离发热体，且不应被散热器、窗帘或其他障碍物遮挡。

正确做法及防治措施

防治措施：
1. 充分了解温控阀工作原理；
2. 做好温控阀安装技术交底；
3. 严格按照《建筑节能工程施工质量验收标准》GB 50411—2019 第 9.2.6 条规定实施。

第 6 章

通风与空调

6.1 送风系统

1 风管与配件表面变形

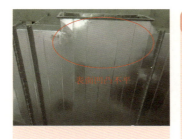

质量问题及原因分析

问题描述及原因分析：
1. 金属风管表面，凹凸不平，平整度较差，偏差大于规范要求；
2. 安装好的风管发生变形，底部下沉（俗称"塌腰"）；
3. 风管制作时法兰尺寸与风管尺寸不配套，下料不符合规范要求；
4. 风管未按照规范要求进行加固，导致表面凹凸不平，安装后底部下沉；
5. 不符合《通风与空调工程施工质量验收规范》GB 50243—2016 第 4.2.3 条的规定。

规范标准要求

《通风与空调工程施工质量验收规范》GB 50243—2016 第 4.2.3 条第 3 款规定：矩形风管的边长大于 630mm，或矩形保温风管边长大于 800mm，管段长度大于 1250mm；或低压风管单边平面面积大于 $1.2m^2$，中、高压风管大于 $1.0m^2$，均应有加固措施。

正确做法及防治措施

防治措施：
1. 风管制作时的板材厚度严格按照设计或规范要求；
2. 风管制作时风管机法兰的尺寸误差应控制在规范要求范围内；
3. 按照规范要求对风管进行加固；
4. 镀锌钢板采用卷材时，在加工风管前应采用风管卷圆机等机械将卷材压平，消除圆弧；
5. 采用法兰连接时可在螺栓外侧的垫料两边各垫一条与风管板材等厚、宽约 10mm 的镀锌板条，这样可以消除因螺栓紧固而引起的风管外表面鼓凸变形。

2 风管柔性短管过长、压条铆接间距过大

质量问题及原因分析

问题描述及原因分析：
1. 管道下料不准确、风管尺寸测量有误；
2. 未按照施工规范要求进行柔性短管的制作；
3. 不符合《通风与空调工程施工规范》GB 50738—2011 第 6.6.3 条的规定。

 规范标准要求

《通风与空调工程施工规范》GB 50738—2011 第 6.6.3 条：
第 1 款规定：柔性短管的长度宜为 150mm～300mm，应无开裂、扭曲现象；第 3 款规定：柔性短管与角钢法兰组装时，可采用条形镀锌钢板压条的方式，通过铆接连接。压条翻边宜为 6mm～9mm，紧贴法兰，铆接平顺；铆钉间距宜为 60mm～80mm。

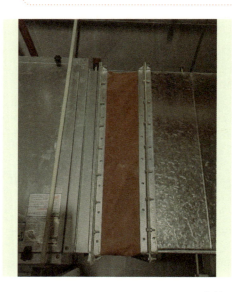

正确做法及防治措施

防治措施：
1. 测量风管长度、截面尺寸，准确下料；
2. 选择适合的柔性短管制作材料；
3. 按照柔性短管制作的要求加工柔性短管；
4. 对制作完成的柔性短管进行检测，包括且不限于长度、材质、固定方式、严密性等。

3 风管连接法兰处采用的弹簧夹间距过大

质量问题及原因分析

问题描述及原因分析：
1. 矩形薄钢板法兰连接风管安装时，连接法兰处采用的弹簧夹间距过大；
2. 不符合《通风与空调工程施工质量验收规范》GB 50243—2016 第 6.3.2 条的规定。

规范标准要求

《通风与空调工程施工质量验收规范》GB 50243—2016 第 6.3.2 条第 8 款规定：矩形薄钢板法兰风管可采用弹性插条、弹簧夹或 U 形紧固螺栓连接。连接固定的间隔不应大于 150mm，净化空调系统风管的间隔不应大于 100mm，且分布应均匀。当采用弹簧夹连接时，宜采用正反交叉固定方式，且不应松动。

正确做法及防治措施

防治措施：
1. 矩形薄钢板法兰风管连接需紧密，连接处可采用弹性插条、弹簧夹或 U 形紧固螺栓，采用弹簧夹时，要采用正反交叉固定方式，且不得松动；
2. 风管安装时，要随时进行检查，以避免质量问题发生。

6.2 排风系统

1 风口直接安装在主风管上

质量问题及原因分析

问题描述及原因分析：
1. 风口直接安装在主风管上；
2. 不符合《通风与空调工程施工规范》GB 50738—2011 第 8.5.2 条的规定。

 规范标准要求

《通风与空调工程施工规范》GB 50738—2011 第 8.5.2 条规定：风口不应直接安装在主风管上，风口与主风管间应通过短管连接。

正确做法及防治措施

防治措施：
1. 贯彻落实规范要求；
2. 风口与主风管间应通过短管连接。

2 通风与空调设备柔性短管安装上下错位、扭曲变形

质量问题及原因分析

问题描述及原因分析：
1. 通风与空调设备柔性短管安装上下错位、扭曲变形，软管长短不一、凌乱不整齐、有的过长、有挤压褶皱现象；
2. 不符合《通风与空调工程施工规范》GB 50738—2011 第 8.4.2 条的规定。

 规范标准要求

《通风与空调工程施工规范》GB 50738—2011 第 8.4.2 条规定：风管与设备相连处应设置长度为 150mm～300mm 的柔性短管，柔性短管安装后应松紧适度，不应扭曲，并不应作为找正、找平的异径连接管。

正确做法及防治措施

防治措施：
1. 控制柔性短管两侧风管位置、标高，不能利用柔性短管借角度。柔性短管的长度，一般宜为 150～300mm，其连接处应严密、牢固可靠；
2. 柔性短管不宜作为找正、找平的异径连接管。

6.3 防排烟系统

1 薄钢板法兰连接消防排烟风管采用弹簧夹连接

质量问题及原因分析

问题描述及原因分析：
1. 法兰连接处采用弹簧夹连接固定，连接不严密；
2. 薄钢板法兰连接的排烟风管，不符合《建筑防烟排烟系统技术标准》GB 51251—2017 第 6.3.4 条规定。

 规范标准要求

《建筑防烟排烟系统技术标准》GB 51251—2017 第 6.3.4 条第 2 款规定：风管接口的连接应严密、牢固，垫片厚度不应小于 3mm，不应凸入管内和法兰外；排烟风管法兰垫片应为不燃材料，薄钢板法兰风管应采用螺栓连接。

正确做法及防治措施

防治措施：
1. 防排烟风管施工之前，技术人员应编制正确的施工方案，并做好施工技术交底；
2. 防排烟薄钢板法兰连接采用螺栓连接，螺栓间距不大于 150mm；
3. 法兰垫片为不燃材料，厚度为 3～5mm。

2 边长大于1250mm的风管弯头处未加支架

质量问题及原因分析

问题描述及原因分析：
1. 边长大于1250mm风管弯头处未加支架，不符合规范要求；
2. 不符合《通风与空调工程施工质量验收规范》GB 50243—2016 第6.3.1条的规定。

规范标准要求

《通风与空调工程施工质量验收规范》GB 50243—2016 第6.3.1条第7款规定：边长（直径）大于1250mm的弯头、三通等部位应设置单独的支、吊架。

正确做法及防治措施

防治措施：
1. 学习和掌握施工质量验收规范内容要求；
2. 严格技术交底，按照施工质量验收规范进行施工；
3. 安装完成后应进行自行检查，并填写记录。

3 排烟系统风机使用橡胶减振装置

质量问题及原因分析

问题描述及原因分析：
1. 排烟风机露天安装；
2. 排烟风机选用了橡胶减振装置；
3. 专用排烟、正压送风风机采用柔性短管与风管连接；
4. 不符合《建筑防烟排烟系统技术标准》GB 51251—2017 第 6.5.3 条规定。

规范标准要求

《建筑防烟排烟系统技术标准》GB 51251—2017 第 6.3.4 条第 4 款规定：风管与风机的连接宜采用法兰连接，或采用不燃材料的柔性短管连接。当风机仅用于防烟、排烟时，不宜采用柔性连接；第 6.5.3 条：风机应设在混凝土或钢架基础上，且不应设置减振装置；若排烟系统与通风空调系统共用且需要设置减振装置时，不应使用橡胶减振装置。

正确做法及防治措施

防治措施：
1. 选择适合的安装位置，防排烟风机应安装在室内；
2. 设计未要求时，风管直接与排烟风机连接；
3. 防排烟系统专用风机不应采取减振措施。

4　防火分区隔墙两侧的排烟防火阀距墙端面距离大于200mm，未设置单独支吊架

质量问题及原因分析

问题描述及原因分析：
1. 防火分区两侧的防火阀距离防火墙大于200mm，且未单独设置支、吊架；
2. 不符合《建筑防烟排烟系统技术标准》GB 51251—2017 第6.4.1条、《通风与空调工程施工质量验收规范》GB 50243—2016 第6.2.7条、《通风与空调工程施工规范》GB 50738—2011 第7.3.6条的规定。

规范标准要求

1.《建筑防烟排烟系统技术标准》GB 51251—2017 第6.4.1条第2款规定：阀门应顺气流方向关闭，防火分区隔墙两侧的排烟防火阀距墙端面不应大于200mm；第4款规定：应设独立的支、吊架，当风管采用不燃材料防火隔热时，阀门安装处应有明显标识。
2.《通风与空调工程施工质量验收规范》GB 50243—2016 第6.2.7条第5款规定：防火阀、排烟阀（口）的安装位置、方向应正确。位于防火分区隔墙两侧的防火阀，距墙表面不应大于200mm。第6.3.8条第2款规定：直径或长边尺寸大于或等于630mm的防火阀，应设独立支、吊架。
3.《通风与空调工程施工规范》GB 50738—2011 第7.3.6条第6款规定：边长（直径）大于或等于630mm的防火阀宜设独立的支、吊架。

正确做法及防治措施

防治措施：
1. 在风管排布时应考虑排烟防火阀与墙的距离；
2. 严格按照规范要求增设支、吊架。

6.4 舒适性空调系统

1 矩形薄钢板法兰风管弹簧夹连接分布不均匀未采取交叉固定方式

质量问题及原因分析

问题描述及原因分析：
1. 弹簧卡制作不规范，长度不一致；
2. 弹簧卡朝向一致；
3. 不符合《通风与空调工程施工质量验收规范》GB 50243—2016 第 6.3.2 条规定。

 规范标准要求

《通风与空调工程施工质量验收规范》GB 50243—2016 第 6.3.2 条第 8 款规定：矩形薄钢板法兰风管可采用弹性插条、弹簧夹或 U 形紧固螺栓连接。连接固定的间隔不应大于 150mm，净化空调系统风管的间隔不应大于 100mm，且分布应均匀。当采用弹簧夹连接时，宜采用正反交叉固定方式，且不应松动。

正确做法及防治措施

防治措施：
1. 做好技术交底，明确施工要点；
2. 弹簧夹间距不应大于 150mm，并进行测量检查；
3. 观察检查，弹簧卡正反方向交替安装。

2 连接空调机组的柔性短管的绝热性能不符合风管系统的要求

质量问题及原因分析

问题描述及原因分析：
1. 柔性短管制作材料采用硅玻钛金防火布，绝热性能差；
2. 不符合《通风与空调工程施工规范》GB 50738—2011 第 9.4.7 条要求。

 规范标准要求

《通风与空调工程施工规范》GB 50738—2011 第 9.4.7 条第 6 款规定：机组与风管采用柔性短管连接时，柔性短管的绝热性能应符合风管系统的要求。

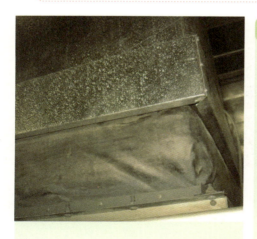

正确做法及防治措施

防治措施：
1. 在专项施工方案或技术交底中明确：柔性短管的制作要用保温性材料；
2. 施工中柔性短管必须是带保温夹层的材料，不能使用"三防布"之类不保温的材料，防止导热和结露；
3. 可以使用硅玻钛金复合保温柔性材料短管。

6.5 空调（冷、热水系统）

1 冷（热）水管道在支架处未设置绝热衬垫或衬垫材质、规格不符合要求

质量问题及原因分析

问题描述及原因分析：
1. 空调冷水管道在支架处未采取绝热措施，支架与管道间的冷桥产生凝结水；
2. 不符合《通风与空调工程施工质量验收规范》GB 50243—2016 第9.3.5条规定。

规范标准要求

《通风与空调工程施工质量验收规范》GB 50243—2016 第9.3.5条规定：冷（热）水管道与支、吊架之间，应设置衬垫。衬垫的承压强度应满足管道全重，且应采用不燃与难燃硬质绝热材料或经防腐处理的木衬垫。衬垫的厚度不应小于绝热层厚度，宽度应大于或等于支、吊架支承面的宽度。衬垫的表面应平整、上下两衬垫接合面的空隙应填实。

正确做法及防治措施

防治措施：
1. 配置不同管道规格的绝热衬垫，检查衬垫的承载力是否满足承载要求、衬垫是否与管径匹配、衬垫的厚度是否与保温层厚度相同、衬垫的宽度是否大于或等于支架宽度、衬垫是否完好、采用的木托是否经过防腐处理；
2. 管道安装时，先在支架上安装下衬垫，管道就位后，再安装上衬垫，并用抱箍将管道及衬垫紧固在支架上；
3. 衬垫的表面应平整，上下两衬垫结合面的空隙采用绝热材料填实。

2　压力表与缓冲弯之间未安装三通旋塞阀

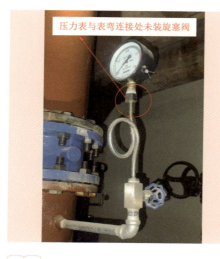

压力表与表弯连接处未装旋塞阀

质量问题及原因分析

问题描述及原因分析：
1. 压力表缺少三通旋塞阀；
2. 不符合《通风与空调工程施工规范》GB 50738—2011 第 11.4.8 条规定。

规范标准要求

《通风与空调工程施工规范》GB 50738—2011 第 11.4.8 条规定：仪表安装前应校验合格；仪表应安装在便于观察、不妨碍操作和检修的地方；压力表与管道连接时，应安装放气旋塞及防冲击表弯。

正确做法及防治措施

防治措施：
压力表与存水弯管之间安装三通旋塞阀。

3 并联水泵出口未使用斜向插接

质量问题及原因分析

问题描述及原因分析：
1. 并联水泵出口未使用斜向插接，影响系统流速和压力；
2. 不符合《通风与空调工程施工质量验收规范》GB 50243—2016 第 9.2.2 条规定。

规范标准要求

《通风与空调工程施工质量验收规范》GB 50243—2016 第 9.2.2 第 2 款规定：并联水泵的出口管道进入总管应采用顺水流斜向插接的连接形式，夹角不应大于 60°。

正确做法及防治措施

防治措施：
1. 并联水泵的出口管道进入总管应采用顺水流斜向插接的连接形式，夹角不应大于 60°；
2. 对空调机房提前策划，确定机组设备及管道安装位置及标高。

4　法兰连接不同心、法兰不匹配

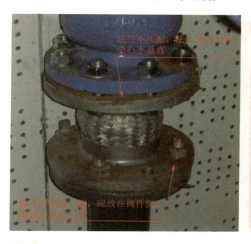

质量问题及原因分析

问题描述及原因分析：
1. 法兰与设备连接法兰不匹配，导致螺栓连接对应连接不上，螺栓安装后垂直度不够；
2. 施工时购买的法兰没有与设备法兰统一，或者购买的法兰采用非标；
3. 不符合《通风与空调工程施工质量验收规范》GB 50243—2016 第 9.3.4 条的规定。

规范标准要求

《通风与空调工程施工质量验收规范》GB 50243—2016 第 9.3.4 条规定：法兰连接的法兰面应与管道中心线垂直，且同心，法兰对应应平行，偏差不应大于管道外径的 1.5‰，且不得大于 2mm，连接螺栓的长度应一致，螺母应在同一侧，并应均匀拧紧，紧固后的螺母应与螺栓端部平齐或略低于螺栓。法兰衬垫的材料、规格与厚度应符合时间要求。

正确做法及防治措施

防治措施：
1. 应根据法兰安装施工工艺要求施工；
2. 配对法兰规格、型号相同，与设备法兰连接时应按其规格配对；
3. 法兰连接同轴、平行、采用水平仪器测量，垫圈垫片要一致。

5　金属保护壳接口未按顺水流方向搭接

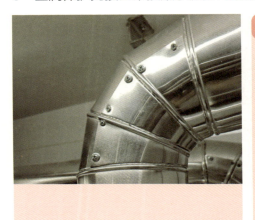

质量问题及原因分析

问题描述及原因分析：
1. 金属保护壳压接方向未按顺水方向搭接；
2. 不符合《通风与空调工程施工质量验收规范》GB 50243—2016 第 10.3.9 条的规定。

 规范标准要求

《通风与空调工程施工质量验收规范》GB 50243—2016 第 10.3.9 条第 2 款规定：圆形保护壳应贴紧绝热层，不得有脱壳、褶皱、强行接口等现象。接口搭接应顺水流方向设置，并应有凸筋加强，搭接尺寸应为 20mm～25mm。

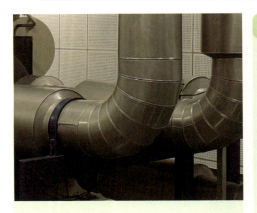

正确做法及防治措施

防治措施：
1. 应按保温工艺要求施工；
2. 按照保温后的外径加工金属保护壳；
3. 将保护壳按从下到上的顺序安装保护壳；
4. 将保护壳逐节固定牢固。

6　管道绝热不严密

质量问题及原因分析

问题描述及原因分析：
1. 立管套管尺寸过小；
2. 管道承重支架处缺少绝热托架，支撑板保温不到位，存在金属冷桥，导致产生凝结水、支架锈蚀的现象；
3. 绝热层穿套管间断；
4. 不符合《通风与空调工程施工质量验收规范》GB 50234—2010 第 10.3.3 条及《建筑节能工程施工质量验收标准》GB 50411—2019 第 10.2.9 条的规定。

规范标准要求

1.《通风与空调工程施工质量验收规范》GB 50234—2010 第 10.3.3 条规定：绝热层应满铺，表面应平整，不应有裂缝、空隙等缺陷；
2.《建筑节能工程施工质量验收标准》GB 50411—2019 第 10.2.9 条第 8 款规定：空调冷热水管穿楼板和穿墙处的绝热层应连续不间断，且绝热层与穿楼板和穿墙处的套管之间应用不燃材料填实，不得有空隙；套管两端应进行密封封堵。

正确做法及防治措施

防治措施:
1. 施工之前,按照设计图纸及施工质量验收规范做好空调水管安装施工方案,并重点做好立管承重支架的设置和支架处保温的技术交底;
2. 立管承重支架支撑面要高出楼板面300~350mm,支撑脚根据管道井具体情况设置在楼板面或剪力墙体上;
3. 绝热管道在支架处设置绝热木托,防止产生冷桥;
4. 套管要比保温管道大2号,且套管要高于楼台面不小于20mm;
5. 管道绝热要平整严密,纵、横向接缝应错开,缝间不应有空隙,与管道贴合应紧密;
6. 重点控制承重支架处的绝热,金属支撑板处要分层保温,凹槽处采用绝热材料填密实,表面应平整、严密,不应有裂缝、空隙。

7　空调冷热水系统管道绝热表面不平整、有裂缝

质量问题及原因分析

问题描述及原因分析：
1. 空调管道绝热层未满铺，阀门缺绝热层；
2. 空调管道绝热层表面不平整，有裂缝、空隙等缺陷；
3. 不符合《通风与空调工程施工质量验收规范》GB 50243—2016 第 10.3.3 条的规定。

规范标准要求

《通风与空调工程施工质量验收规范》GB 50243—2016 第 10.3.3 条规定：绝热层应满铺，表面应平整，不应有裂缝、空隙等缺陷。

正确做法及防治措施

防治措施：
1. 空调管道绝热层应满铺；
2. 空调管道绝热层表面应平整，不应有裂缝、空隙等缺陷。

6.6 多联机热泵空调系统

空调室外机底座未采取隔振措施

质量问题及原因分析

问题描述及原因分析：
1. 空调室外机底座未采取隔振措施；
2. 不符合《民用建筑供暖通风与空气调节设计规范》GB 50736—2012 第 10.3.2 条、《通风与空调工程施工质量验收规范》GB 50243—2010 第 8.3.6 条、《多联机空调系统工程技术规程》JGJ 174—2010 第 5.3.2 条的规定。

 规范标准要求

1.《民用建筑供暖通风与空气调节设计规范》GB 50736—2012 第 10.3.2 条规定：对不带有隔振装置的设备，当其转速小于或等于 1500r/min 时，宜选用弹簧隔振器；转速大于 1500r/min 时，根据环境需求和设备振动的大小，亦可选用橡胶等弹性材料的隔振垫块或橡胶隔振器；
2.《通风与空调工程施工质量验收规范》GB 50234—2016 第 8.3.6 条第 2 款规定：室外机组应安装在设计专用平台上，并应采取减振与防止紧固螺栓松动的措施；
3.《多联机空调系统工程技术规程》JGJ 174—2010 第 5.3.2 条规定：室外机应安装在水平和经过设计有足够强度的基础和减振部件上，且必须与基础进行固定。

正确做法及防治措施

防治措施：
1. 设计应明确空调室外机有关参数和隔振做法；
2. 按照图纸提供的参数采购设置，根据设计要求和安装使用说明书正确设置隔振垫块。

第7章

建筑电气

7.1 变配电室

1 变配电室内灯具安装位置及方式不当

质量问题及原因分析

问题描述及原因分析：
1. 照明灯具安装在配电柜和变压器正上方；
2. 灯具采用吊链安装方式；
3. 不符合《20kV 及以下变电所设计规范》GB 50053—2013 第 6.4.3 条及《建筑电气工程施工质量验收规范》GB 50303—2015 第 18.2.4 条及《建筑电气照明装置施工与验收规范》GB 50617—2010 第 4.1.5 条规定。

 规范标准要求

1.《20kV 及以下变电所设计规范》GB 50053—2013 第 6.4.3 条规定：在变压器、配电装置和裸导体的正上方不应有灯具。当在变压器室和配电室内裸导体上方布置灯具时，灯具与裸导体的水平净距不应小于 1.0m，灯具不得采用吊链和软线安装。
2.《建筑电气工程施工质量验收规范》GB 50303—2015 第 18.2.4 条规定：高低压配电设备、母线及电梯曳引机的正上方不应安装灯具。
3.《建筑电气照明装置施工与验收规范》GB 50617—2010 第 4.1.5 条规定：变电所内，高低压配电设备及裸母线的正上方不应安装灯具，灯具与裸母线的水平净距不应小于 1m。

正确做法及防治措施

防治措施：
1. 配电室内灯具采用壁装或居中安装；
2. 灯具采用管吊或线槽安装；
3. 注意风管等设备也不应安装在裸导体正上方。

2　配电柜电缆进线口的防火封堵

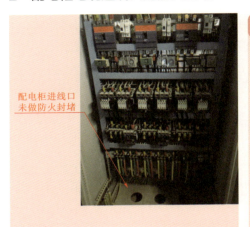

配电柜进线口
未做防火封堵

质量问题及原因分析

问题描述及原因分析：
1. 配电柜进线口未按设计要求进行防火封堵；
2. 不符合《建筑电气工程施工质量验收规范》GB 50303—2015 第 5.2.3 条以及 13.2.2 条之规定。

　规范标准要求

1.《建筑电气工程施工质量验收规范》GB 50303—2015 第 5.2.3 条规定：柜、台、箱的进出口应做防火封堵，并应封堵严密；
2.《建筑电气工程施工质量验收规范》GB 50303—2015 第 13.2.2 条规定：电缆出入配电（控制）柜、台、箱处以及管子管口处等部位应采取防火或密封措施。

正确做法及防治措施

防治措施：
1. 根据设计回路数量使用配电箱柜外壳的预留孔，多余敲落孔不应敲落；
2. 根据规范对电缆进线口进行防火封堵规定，进行首件配电柜防火封堵的质量样板；
3. 进行质量样板交底。

7.2 供电干线

1 同一槽盒内同时敷设绝缘导线和电缆、电力线缆和智能化线缆、不同电压等级的电缆；电缆在竖井内垂直敷设未固定牢固

质量问题及原因分析

问题描述及原因分析：
1. 同一槽盒内同时敷设绝缘导线和电缆；
2. 电力线缆和智能化线缆同槽敷设；
3. 不同电压等级的电力线缆同槽敷设；
4. 不符合《建筑电气施工质量验收规范》GB 50303—2015 第 14.2.5 条、《民用建筑电气设计标准》GB 51348—2019 第 8.1.4 条和《建筑电气与智能化通用规范》GB 55024—2022 第 6.1.1 条、第 8.7.6 条的规定。

规范标准要求

1. 《建筑电气施工质量验收规范》GB 50303—2015 第 14.2.5 条规定：槽盒内敷线应符合下列规定：1）同一槽盒内不宜同时敷设绝缘导线和电缆。
2. 《民用建筑电气设计标准》GB 51348—2019 第 8.1.4 条规定：金属导管、可弯曲金属导管、刚性塑料导管（槽）及电缆桥架等布线，应采用绝缘电线和电缆。不同电压等级的电线、电缆不宜同管（槽）敷设；当同管（槽）敷设时，应采取隔离或屏蔽措施。
3. 《建筑电气与智能化通用规范》GB 55024—2022 第 6.1.1 条规定：电力线缆、控制线缆和智能化线缆敷设应符合下列规定：1）不同电压等级的电力线缆不应共用同一导管或电缆桥架布线；2）电力线缆和智能化线缆不应共用同一导管或电缆桥架布线。
4.《建筑电气与智能化通用规范》GB 55024—2022 第 8.7.6 条规定：电缆敷设应符合下列规定：2）电缆在电气竖井内垂直敷设及电缆在大于 45°倾斜的支架上或电缆桥架内敷设时，应在每个支架上固定。

正确做法及防治措施

防治措施：
1. 将不可同槽敷设的线缆分槽敷设，确实无法分槽敷设的可提前制作加隔板线槽，且分两侧敷设；
2. 将线缆在支架上固定牢固；
3. 按规范标识准确。

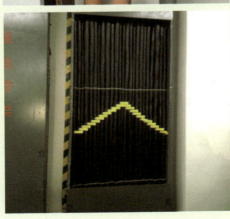

2 母线槽穿防火分区墙体、楼板处的防火封堵

质量问题及原因分析

问题描述及原因分析:
1. 母线槽穿防火墙处,与墙体形成的环形间隙防火封堵不严密;
2. 不符合《民用建筑电气工程设计标准》GB 51348—2019 第 8.1.10 条规定。

规范标准要求

《民用建筑电气工程设计标准》GB 51348—2019 第 8.1.10 条规定:布线用各种电缆、导管、电缆桥架及母线槽在穿越防火分区楼板、隔墙及防火卷帘上方的防火隔板时,其空隙应采用相当于建筑构件耐火极限的不燃烧材料填塞密实。

正确做法及防治措施

防治措施:
1. 土建专业把环形间隙收到 50mm;
2. 采用符合耐火极限要求的防火封堵材料封堵密室,特别注意母线槽后面部位应封堵密实;
3. 防火泥表面应平整、无缝隙、开裂。

3　电缆槽盒穿越楼板处内部防火封堵不密实、封堵遗漏

质量问题及原因分析

问题描述及原因分析：
1. 电缆槽盒穿越防火分区楼板孔洞处，槽盒内部未进行防火封堵，或封堵不严密；
2. 不符合《电气装置安装工程 电缆线路施工及验收标准》GB 50168—2018 第 8.0.2 条第 1 款之要求。

规范标准要求

《电气装置安装工程 电缆线路施工及验收标准》GB 50168—2018 第 8.0.2 条第 1 款规定：在电缆贯穿墙壁、楼板的孔洞处，应采用防火封堵材料封堵密实。

正确做法及防治措施

防治措施：
1. 掌握国家标准《电气装置安装工程 电缆线路施工及验收标准》GB 50168—2018 的相关规定；
2. 依据规范要求，有针对性编制技术交底内容；
3. 电缆在槽盒内排列应顺直、无交叉；选用耐火极限不低于楼板耐火极限的防火封堵材料，先采用阻火包、再采用柔性防火封堵材料进行封堵；
4. 根据技术交底要求，开展防火封堵施工工序与操作质量样板，确定样板质量标准后，在工程进行施工。

4　电缆在电缆沟内敷设不整齐、有交叉

质量问题及原因分析

问题描述及原因分析：
1. 电缆在电缆沟内敷设排列不顺直、不整齐，存在不必要的交叉；
2. 电缆敷设前准备工作不充分，未绘制电缆敷设顺序图；
3. 不符合《建筑电气工程施工质量验收规范》GB 50303—2015 第 13.2.2 条第 1 款的规定。

规范标准要求

《建筑电气工程施工质量验收规范》GB 50303—2015 第 13.2.2 条规定：电缆敷设应符合下列规定：1 电缆的敷设排列应顺直、整齐，并宜少交叉。

正确做法及防治措施

防治措施：
1. 施工前结合低压配电系统图、施工平面图等逐根绘制好电缆敷设顺序图，把电缆交叉问题消灭在此阶段；
2. 按照电缆排布顺序逐根敷设并做好临时标识。

第 7 章 建筑电气

5 交流单芯电缆不应单独进出导磁材料制成的配电箱（柜）

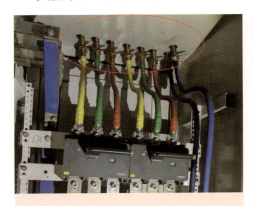

质量问题及原因分析

问题描述及原因分析：
1. 交流单芯电缆单独进出导磁材料制成配电箱（柜）外壳；
2. 未掌握规范条文规定；对此种敷设方式会产生有害涡流的电气原理不清楚；
3. 不符合《建筑电气与智能化通用规范》GB 55024—2022 第 8.7.7 条第 2 款之规定。

 规范标准要求

《建筑电气与智能化通用规范》GB 55024—2022 第 8.7.7 条规定：交流单芯电缆或分相后的每相电缆敷设应符合下列规定：2 不应单独进出导磁材料制成的配电箱（柜）。

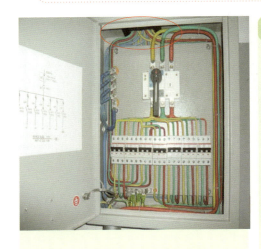

正确做法及防治措施

防治措施：
1. 认真分析交流单芯电缆的电气设计系统图；
2. 对该类配电箱（柜）、控制箱（柜）招标分供商是提出电缆进出配电箱（柜）、控制箱（柜）同一回路几根单芯电缆进出同一预制孔，并在盘柜加工时做好外壳开孔规格与数量的预留；
3. 技术交底中应有针对性操作内容，在操作过程中监控实施。

6 绝缘导线在槽盒内设置接头

质量问题及原因分析

问题描述及原因分析：
1. 绝缘导线在槽盒内设置接头；
2. 不符合《建筑电气工程施工质量验收规范》GB 50303—2015 第14.1.3规定。

 规范标准要求

《建筑电气工程施工质量验收规范》GB 50303—2015 第14.1.3规定：绝缘导线接头应设置在专用接线盒（箱）或器具内，不得设置在导管和槽盒内，盒（箱）的设置位置应便于检修。

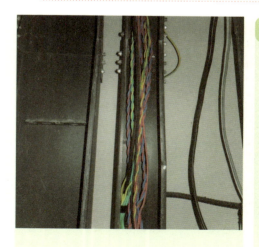

正确做法及防治措施

防治措施：
1. 绝缘导线接头应设置在专用接线盒（箱）或器具内，盒（箱）的设置位置应便于检修；
2. 加强施工过程检查和隐蔽验收，验收合格方可进行槽盒盖板封闭。

7 矿物电缆外壳及支架未与保护导体作可靠连接

质量问题及原因分析

问题描述及原因分析：
1. 矿物电缆外壳及支架未与保护导体可靠连接；
2. 不符合《建筑电气工程施工质量验收规范》GB 50303—2015 第 17.1.3 条规定。

规范标准要求

《建筑电气工程施工质量验收规范》GB 50303—2015 第 17.1.3 条规定：矿物绝缘电缆的金属护套和金属配件应采用铜绞线或镀锡铜编织线与保护导体做连接。

正确做法及防治措施

防治措施：
1. 电缆终端接线端子应采用专用配件，并应与电缆芯线可靠连接；
2. 电缆终端与保护导体可靠连接。

7.3 电气动力

1 成套配电柜内 SPD 的 PE 线不足够短

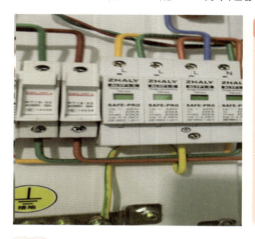

质量问题及原因分析

问题描述及原因分析：
1. 成套配电柜内 SPD 的 PE 线不足够短，不符合《建筑电气工程施工质量验收规范》GB 50303—2015 第 5.1.10 条第 3 款之要求；
2. 建筑电气动力箱、盘、柜内设计系统图未明确 SPD 的 PE 端子与 PE 汇流排的具体位置；施工单位也未作加工样板，箱、盘、柜招标时，未对制造厂家进行技术交底。

 规范标准要求

《建筑电气工程施工质量验收规范》GB 50303—2015 第 5.1.10 条第 3 款规定：SPD 的连接导线应平直、足够短。

正确做法及防治措施

防治措施：
1. 认真进行图纸会审，与设计单位确定 SPD 连接导线与 PE 汇流排的坐标位置；
2. 熟悉规范要求，在加工箱、柜前，对加工厂家进行 SPD 之 PE 线要求技术交底；
3. 每个系列的箱、盘、柜进行首件加工样板并组织验收，验收合格后再批量制造。

2　室外垂直导管管口端部应设置防雨弯头

室外电气明配管管口向上，无防水弯头

质量问题及原因分析

问题描述及原因分析：
1. 室外垂直管口端部未设置防雨弯头；
2. 对国家现行标准、规范的条文要求理解存在偏差；对室内外导管端部附件形式、使用场所不清晰；
3. 不符合《建筑电气与智能化通用规范》GB 55024—2022 第 8.7.5 条第 3 款之规定。

规范标准要求

《建筑电气与智能化通用规范》GB 55024—2022 第 8.7.5 条规定：导管敷设应符合下列规定：3）敷设于室外的导管管口不应敞口垂直向上，导管管口应在盒、箱、或导管端部设置防水弯。

正确做法及防治措施

防治措施：
1. 掌握规范条款的要求；
2. 分清室、内外导管端部附件的形式；
3. 材料进场严格验收；
4. 编制有针对性的技术交底，并现场监督实施。

7.4 电气照明

1 柔性导管配管长度过大,柔性导管在刚性导管连接方式不当

软管长度不足,导线外露

软管长度超标
规范:软管长度,动力0.8m,照明1.2m

质量问题及原因分析

问题描述及原因分析:
1. 软管配管过长,敷设不到位或脱落,软管进盒没有专用接头,存在导线外露现象;
2. 不符合《建筑电气工程施工质量验收规范》GB 50303—2015 第12.2.8条规定。

规范标准要求

《建筑电气工程施工质量验收规范》GB 50303—2015 第12.2.8条规定:可弯曲金属导管及柔性导管敷设应符合下列规定:1)刚性导管经柔性导管与电气设备、器具连接时,柔性导管的长度在动力工程中不宜大于0.8m,在照明工程中不宜大于1.2m。

正确做法及防治措施

防治措施:
1. 可挠金属管或其他柔性导管与刚性导管或电气设备、器具间的连接采用专用接头;
2. 刚性导管经柔性导管与电气设备、器具连接,柔性导管的长度在动力工程中不大于0.8m,在照明工程中不大于1.2m。

2 导线排列不整齐、分色不当

质量问题及原因分析

问题描述及原因分析:

1. 控制柜压线排上下端电线颜色不一致,导线排列不整齐。导线的接线、连接质量和色标不符合要求。
2. 不符合《建筑电气工程施工质量验收规范》GB 50303—2015 第 10.2.4 条规定。

 规范标准要求

《建筑电气工程施工质量验收规范》GB 50303—2015 第 10.2.4 条规定:1)对于母线的涂色,交流母线 L1、L2、L3 应分别为黄色、绿色和红色,中性导体应为淡蓝色;2)直流母线应正极为赭色、负极为蓝色;保护接地导体 PE 应为黄-绿双色组合色,保护中性导体(PEN)应为全长黄-绿双色、终端用淡蓝色或全长淡蓝色、终端用黄-绿双色;在连接处或支持件边缘两侧 10mm 以内不应涂色。

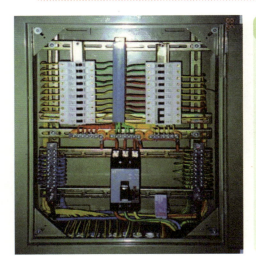

正确做法及防治措施

防治措施:

1. 施工人员进行规范和标准的学习;
2. 导线相色具体为:L1、L2、L3 应分别为黄色、绿色和红色,N 为淡蓝色,PE 为黄-绿相间的双色线。
3. 导线编排要横平竖直,剥线头时应保持各线头长度一致,导线插入接线端子后不应有导体裸露;铜接头与导线连接处要用与导线相同颜色的绝缘胶布包扎。

3　照明配电箱 PE 汇流排端子上导线根数多余 1 根

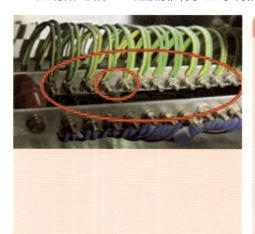

质量问题及原因分析

问题描述及原因分析：
1. 配电箱（柜）内 PE 干线汇流排端子上连接不同回路的 PE 线，不符合《建筑电气与智能化通用规范》GB 55024—2022 第 8.8.4 条第 3 款之要求；
2. 照明配电箱内设计系统图未明确 PE 端子的数量；
3. 施工单位在配电箱招标时，未对制造厂家进行技术交底。

规范标准要求

《建筑电气与智能化通用规范》GB 55024—2022 第 8.8.4 条第 3 款规定：不同回路的 PE 线不应连接在母排的同一端子上。

正确做法及防治措施

防治措施：
1. 认真进行图纸审查，依据平面图与系统图计算电气照明配电箱接地汇流排上端子数量；
2. 掌握规范对照明配电箱 PE 汇流排每个端子压接 PE 线根数的要求；
3. 照明配电箱应进行首件加工样板；
4. 在施工单位与制造厂家签订合同时，增加对照明配电箱汇流排上端子数量的技术要求。

4　JDG 导管连接件紧固处未采用合规紧定旋转锁扭

质量问题及原因分析

问题描述及原因分析：
1. JDG 导管连接件紧固处未采用紧定旋转锁扭；
2. 对现行规程不熟悉；
3. 不符合《套接紧定式钢导管电线管路施工及验收规程》T/CECS 120—2021 第 5.0.3 条之规定。

规范标准要求

《套接紧定式钢导管电线管路施工及验收规程》T/CECS 120—2021 第 5.0.3 条规定：套接紧定式钢导管连接处，直管连接件紧固旋转锁扭应处于可视部位。

正确做法及防治措施

防治措施：
1. 企业应定期发布现行规范、规程目录，并组织规范、标准、规程的宣贯；
2. 项目部在进行技术交底前，应检索现行规范、规程，避免采用过期作废的标准；
3. 在与分供商签订 JDG 导管分供合同时，应标注清楚采购产品制造规范、标准、规程的名称与年号；
4. 对辅材应加强进场验收，确保与设计要求、规范要求一致。

5　Ⅰ类灯具的外露可导电部分与保护接地导体连接不到位、标识不清

质量问题及原因分析

问题描述及原因分析：
1. Ⅰ类灯具外壳未作接地；
2. 不符合《建筑电气工程施工质量验收规范》GB 50303—2015 第 18.1.5 条、《建筑电气与智能化通用规范》GB 55024—2022 第 8.5.3 条的规定。

规范标准要求

1.《建筑电气工程施工质量验收规范》GB 50303—2015 第 18.1.5 条规定：普通灯具的Ⅰ类灯具外露可导电部分必须采用铜芯软导线与保护导体可靠连接，连接处应设置接地标识，铜芯软导线的截面积应与进入灯具的电源线截面积相同；
2.《建筑电气与智能化通用规范》GB 55024—2022 第 8.5.3 规定：灯具的安装应符合下列规定：2）Ⅰ类灯具的外露可导电部分必须与保护接地导体可靠连接，连接处应设置接地标识；3）接线盒引至嵌入式灯具或槽灯的电线应采用金属柔性导管保护，不得裸露；柔性导管与灯具壳体应采用专用接头连接。

正确做法及防治措施

防治措施：
1. 灯具电源线穿金属软保护；
2. Ⅰ类灯具的外露可导电部分必须与保护接地导体可靠连接，连接处应设置接地标识。

6 大型吊灯固定装置及悬吊装置未做强度试验

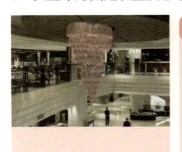

质量问题及原因分析

问题描述及原因分析：
1. 大型灯具的固定装置及悬吊装置未做强度试验；
2. 安装在公共场所的大型灯具的玻璃罩，应有防止玻璃罩坠落或碎裂后向下溅落伤人的措施；
3. 不符合《建筑电气工程施工质量验收规范》GB 50303—2015 第 18.1.1 条、《建筑电气与智能化通用规范》GB 55024—2022 第 9.2.4 条及第 8.5.3 条的规定。

规范标准要求

1.《建筑电气工程施工质量验收规范》GB 50303—2015 第 18.1.1 条规定：2）质量大于 10kg 的灯具，固定装置及悬吊装置应按灯具重量的 5 倍恒定均布载荷做强度试验，且持续时间不得少于 15min；

2.《建筑电气与智能化通用规范》GB 55024—2022 第 9.2.4 条规定：质量大于 10kg 的灯具，固定装置和悬吊装置应按灯具质量的 5 倍恒定均布荷载做强度试验，且不得大于固定点的设计最大荷载，持续时间不得少于 15min；

3.《建筑电气与智能化通用规范》GB 55024—2022 第 8.5.3 条：灯具的安装应符合下列规定：6）安装在人员密集场所的灯具玻璃罩，应有防止其向下溅落的措施。

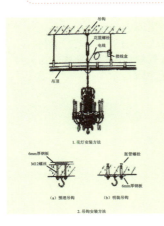

正确做法及防治措施

防治措施：
1. 在主体预留阶段根据图纸及灯具选型预埋灯具固定装置；
2. 在灯具安装前对固定装置及悬吊装置应按灯具重量的 5 倍恒定均布载荷做强度试验，且持续时间不得少于 15min；
3. 大型灯具灯罩是玻璃材质的，为防止灯罩碎裂，可在灯具表面罩尼龙丝网，也可在灯具下方设置外形尺寸大于灯具外形的各类造型设施。

7　与筒灯连接的电源线外露

质量问题及原因分析

问题描述及原因分析：
1. 与筒灯连接的电源线外露；
2. 不符合《建筑电气工程施工质量验收规范》GB 50303—2015 第 18.1.4.1 条规定。

规范标准要求

《建筑电气工程施工质量验收规范》GB 50303—2015 第 18.1.4.1 条规定：绝缘导线应采用柔性导管保护，不得裸露。

正确做法及防治措施

防治措施：
1. 进入筒灯的电源线穿金属软管；
2. 金属软管应用锁紧接头与筒灯连成一体。

8 楼层标志灯安装在楼梯间内侧面墙上，底边距地面的高度过高或过低

质量问题及原因分析

问题描述及原因分析：
1. 楼层标志灯安装在楼梯间内侧面墙上或楼道内；
2. 安装高度高于2.5m或低于2.2m；
3. 不符合《消防应急照明和疏散指示系统技术标准》GB 51309—2018 第 4.5.12 条规定。

规范标准要求

《消防应急照明和疏散指示系统技术标准》GB 51309—2018 第 4.5.12 条规定：楼层标志灯应安装在楼梯间内朝向楼梯的正面墙上，标志灯底边距地面的高度宜为 2.2m～2.5m。

正确做法及防治措施

防治措施：
1. 图纸会审时确认楼层标志灯位置符合规范要求；
2. 施工前做好交底，确保预埋位置准确；
3. 安装在楼梯间内朝向楼梯的正面墙上，底边距地面的高度宜为 2.2～2.5m。

9 疏散路径上方设置的灯具的面板或灯罩采用玻璃材质、距地面1m及以下的标志灯的面板采用玻璃材质

质量问题及原因分析

问题描述及原因分析：
1. 顶棚、疏散路径上方设置的灯具采用玻璃材质；
2. 距地面1m及以下的标志灯采用玻璃材质；
3. 不符合《消防应急照明和疏散指示系统技术标准》GB 51309—2018第3.2.1条规定。

规范标准要求

《消防应急照明和疏散指示系统技术标准》GB 51309—2018第3.2.1条规定：

　　5 灯具面板或灯罩的材质应符合下列规定：1）除地面上设置的标志灯的面板可以采用厚度4mm及以上的钢化玻璃外，设置在距地面1m及以下的标志灯的面板或灯罩不应采用易碎材料或玻璃材质；2）在顶棚、疏散路径上方设置的灯具的面板或灯罩不应采用玻璃材质。

正确做法及防治措施

防治措施：
采购时标志灯技术标准明确为非玻璃材质、非易碎材质，并根据安装方式确认出线位置。

10　照明开关并列安装高度不一致

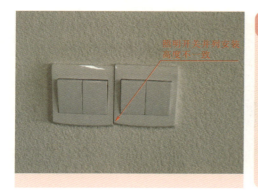

质量问题及原因分析

问题描述及原因分析：
1. 同一墙上照明开关并列安装高度不一致；
2. 开关边缘距门框边缘的距离偏大；
3. 不符合《建筑电气工程施工质量验收规范》GB 50303—2015 第 20.2.3 条规定。

　规范标准要求

《建筑电气工程施工质量验收规范》GB 50303—2015 第 20.2.3 条规定：2) 开关安装位置应便于操作，开关边缘距门框边缘的距离宜为 0.15m～0.20m；3) 相同型号并列安装高度宜一致，并列安装的拉线开关的相邻间距不宜小于 20mm。

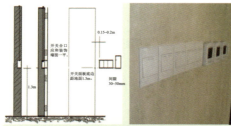

正确做法及防治措施

防治措施：
1. 同一场所开关接线盒预埋高度应一致；
2. 接线盒预埋应固定牢固，防止移位、变形；
3. 开关安装应固定牢固，端正；
4. 并排安装相同型号开关的高度差不应大于 1mm，且控制有序不错位；
5. 开关边缘距门框边缘的距离宜为 0.15～0.20m；
6. 开关插座面板应紧贴墙面或装饰面，四周无缝隙，安装牢固，表面光滑整洁、无划伤，装饰帽齐全。

11 暗装的插座盒或开关盒与装饰面不平齐

质量问题及原因分析

问题描述及原因分析：
1. 暗装的插座盒或开关盒与装饰面误差较大；
2. 不符合《建筑电气工程施工质量验收规范》GB 50303—2015 第 20.2.1 条规定。

 规范标准要求

《建筑电气工程施工质量验收规范》GB 50303—2015 第 20.2.1 条规定：暗装的插座盒或开关盒应与饰面平齐，盒内干净整洁，无锈蚀。

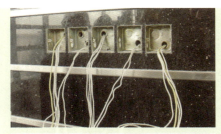

正确做法及防治措施

防治措施：
1. 暗装的插座盒或开关盒应与饰面平齐，盒内干净整洁，无锈蚀；
2. 暗装的插座盒或开关盒盒深的，加套盒修正。

12 插座内零线和 PE 线与插座面板接线错误

质量问题及原因分析

问题描述及原因分析：
1. 零线和 PE 线与插座面板连接错误；
2. 不符合《建筑电气工程施工质量验收规范》GB 50303—2015 第 20.1.3 条。

规范标准要求

《建筑电气工程施工质量验收规范》GB 50303—2015 第 20.1.3 条规定：插座接线应符合下列规定：1）对于单相两孔插座，面对插座的右孔或上孔应与相线连接，左孔或下孔应与中性导体（N）连接；对于单相三孔插座，面对插座的右孔应与相线连接，左孔应与中性导体（N）连接；2）单相三孔、三相四孔及三相五孔插座的保护接地导体（PE）应接在上孔；插座的保护接地导体端子不得与中性导体端子连接；同一场所的三相插座，其接线的相序应一致。

正确做法及防治措施

防治措施：
1. 施工前技术交底到位，明确插座接线方式；
2. 严格过程检查；
3. 采用安全用电显示试验盒全数测试插座接线正确性。

13　插座 PE 线串联连接，利用插座本体的接线端子转接供电

质量问题及原因分析

问题描述及原因分析：
1. 电气插座 PE 线串联连接，利用插座本体的接线端子转接供电；
2. 预留导线长度过短；
3. 不符合《建筑电气与智能化通用规范》GB 55024—2022 第 8.5.5 条 3、4 款规定。

规范标准要求

《建筑电气与智能化通用规范》GB 55024—2022 第 8.5.5 条规定：3）保护接地导体（PE）在电源插座之间不应串联连接；4）相线与中性导体（N）不得利用电源插座本体的接线端子转接供电。

正确做法及防治措施

防治措施：
1. 与开关、插座面板连接的导线严禁串联连接，应采用套管式压接做分支接头或缠绕搪锡连接，面板接线孔只允许连接单根导线；
2. 将接地线、相线、零线在插座外将线并好后与插座对应的接线端子连接；
3. 开关、插座盒内的导线应留有一定的余量，一般以 100～150mm 为宜。

14　插座内保护地线串接连接，导线连接未涮锡或采用导线连接器

导线未涮锡或采用专用连接器

质量问题及原因分析

问题描述及原因分析：
1. 保护接地导体（PE）在插座之间串联连接；
2. 导线未涮锡或采用专用连接器；
3. 不符合《建筑电气工程施工质量验收规范》GB 50303—2015 第 20.1.3 条、《建筑电气与智能化通用规范》GB 55024—2022 第 8.5.5 及第 8.7.9 条规定。

　规范标准要求

1.《建筑电气工程施工质量验收规范》GB 50303—2015 第 20.1.3 条规定：插座接线应符合下列规定：3）保护接地导体（PE）在插座之间不得串联连接；4）相线与中性导体（N）不应利用插座本体的接线端子转接供电；

2.《建筑电气与智能化通用规范》GB 55024—2022 第 8.7.9 条规定：导线连接应符合下列规定：2）截面面积 $6mm^2$ 及以下铜芯导线间的连接应采用导线连接器或缠绕搪锡连接。

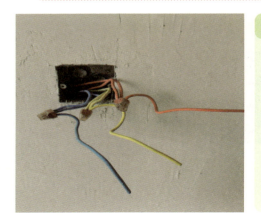

正确做法及防治措施

防治措施：
1. 保护接地导体（PE）在插座之间采用并联连接；
2. $6mm^2$ 及以下铜芯导线连接采用导线连接器或缠绕搪锡连接。

15　风扇安装不牢固、未紧贴饰面

质量问题及原因分析

问题描述及原因分析：
1. 换气扇安装不牢固，未紧贴饰面；
2. 不符合《建筑电气工程施工质量验收规范》GB 50303—2015 第 20.2.7 条规定。

 规范标准要求

《建筑电气工程施工质量验收规范》GB 50303—2015 第 20.2.7 条规定：换气扇安装应紧贴饰面、固定可靠。无专人管理场所的换气扇宜设置定时开关。

正确做法及防治措施

防治措施：
换气扇安装应紧贴饰面、固定可靠。

7.5 备用和不间断电源

1 柴油发电机组燃油管道防静电接地

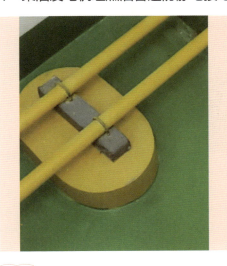

质量问题及原因分析

问题描述及原因分析：
1. 柴油发电机组燃油金属管道未按照设计要求进行防静电接地；
2. 防静电接地线施工中发生遗漏；
3. 不符合《建筑电气工程施工质量验收规范》GB 50303—2015 第 7.1.7 条。

 规范标准要求

《建筑电气工程施工质量验收规范》GB 50303—2015 第 7.1.7 条规定：燃偶系统的设备及管道的防静电接地应符合设计要求。

正确做法及防治措施

防治措施：
1. 认真审查电气设计说明，熟悉掌握设计意图与要求；
2. 掌握《民用建筑电气设计标准》GB 51348—2019 的第 6 章相关要求。

2　应急配电箱在电气竖井内安装未采取下出口进线

质量问题及原因分析

问题描述及原因分析：
1. 电气竖井内应急配电箱进线口设置在箱体上方；
2. 设计单位不熟悉国家现行技术标准；
3. 不符合《消防应急照明和疏散指示系统技术标准》GB 51309—2018 第 4.4.1 条第 4 款之规定。

规范标准要求

《消防应急照明和疏散指示系统技术标准》GB 51309—2018 第 4.4.1 条第 4 款规定：设备在电气竖井内安装时，应采用下出口进线方式。

正确做法及防治措施

防治措施：
1. 掌握现行国家技术标准相关条款的规定；
2. 图纸会审时纠正设计不足，形成正确的设计文件，根据其编制施工方案、下达技术交底。

7.6 防雷及接地

1 有绝缘涂层的桥架接地点电气连接无措施或措施不到位；非镀锌电缆桥架本体未跨接保护联结导体或跨接不规范

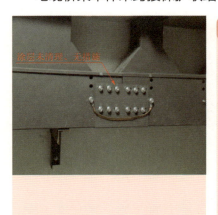

质量问题及原因分析

问题描述及原因分析：
1. 有绝缘涂层的桥架接地点电气连接处未清理绝缘涂层或未清理干净；
2. 有绝缘涂层的桥架接地点电气连接处未加爪形垫片或连接顺序不正确；
3. 非镀锌电缆桥架本体之间连接板的两端未跨接保护联结导体或跨接不规范；
4. 不符合《钢制电缆桥架工程技术规程》T/CECS 31—2017 第 5.1.3 条第 4 款、《建筑电气与智能化通用规范》GB 55024—2022 第 8.7.1 条第 2 款的规定。

规范标准要求

1.《钢制电缆桥架工程技术规程》T/CECS 31—2017 第 5.1.3 条规定：4）当托盘、梯架表面有绝缘涂层时，应将接地点或需要电气连接处的绝缘涂层清理干净或其他确保电气连接的措施；
2.《建筑电气与智能化通用规范》GB 55024—2022 第 8.7.1 条规定：2）非镀锌电缆桥架本体之间连接板的两端应跨接保护联结导体，保护联结导体的截面面积应符合设计要求。

正确做法及防治措施

防治措施：
1. 施工前做好技术交底，明确具体做法；
2. 订货前技术标准明确跨接点两侧无喷涂或带配套爪形片；
3. 施工时严格按照技术交底施工，施工顺序：桥架—爪形片—跨接线—平垫片—防松螺母。

2 发电机储油箱及管道未设置防静电接地

发电机储油箱及管道未设置防静电接地

质量问题及原因分析

问题描述及原因分析：
1. 发电机储油箱及输油管道未设置防静电接地；
2. 不符合《建筑电气工程施工质量验收规范》GB 50303—2015 第 7.1.7 条规定。

 规范标准要求

《建筑电气工程施工质量验收规范》GB 50303—2015 第 7.1.7 条：燃油系统的设备及管道的防静电接地应符合设计要求。

正确做法及防治措施

防治措施：
1. 储油间应敷设镀锌扁钢接地干线；
2. 储油箱、输油管与接地干线采用截面积不小于 4mm² 的黄绿色绝缘铜芯软导线进行连接；
3. 管件、阀门处采用截面积不小于 4mm² 的黄绿色绝缘铜芯软导线做接地跨接。

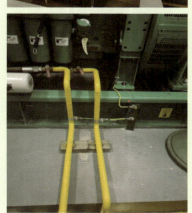

3 接闪带敷设跨越建筑物伸缩缝未设置补偿措施

质量问题及原因分析

问题描述及原因分析：
1. 明敷接闪带跨越建筑物伸缩缝、沉降缝处时未设置补偿措施；
2. 施工图纸未明确明敷接闪带做法，对相关规范图集不熟悉；
3. 不符合《电气装置安装工程接地装置施工及验收规范》GB 50169—2016 第 4.2.6 条第 6 款要求、《建筑电气工程施工质量验收规范》GB 50303—2015 第 24.2.6 条规定及《国家建筑标准设计图集建筑物防雷设施安装》第 36 页做法要求。

规范标准要求

1.《电气装置安装工程接地装置施工及验收规范》GB 50169—2016 第 4.2.6 条第 6 款规定：在接地线跨越建筑物伸缩缝、沉降缝处时，应设置补偿器。补偿器可用接地线本身弯成弧状代替。
2.《建筑电气工程施工质量验收规范》GB 50303—2015 第 24.2.6 条规定：接闪带或接闪网在过建筑物变形缝处的跨接应有补偿措施。

正确做法及防治措施

防治措施：
1. 加强规范标准学习；
2. 施工前技术交底明确接闪带穿越伸缩缝处的施工节点；
3. 采用向上或向外沿弯曲的同材质接闪带焊接作为补偿装置，搭接倍数和防腐标准符合规范要求；
4. 严格按技术交底实施，并做好过程检查和标识。

4 明敷接闪带安装不顺直、支架安装不规范

质量问题及原因分析

问题描述及原因分析：
1. 接闪带支撑架间距过大，高度不一致，弯曲不顺直；支撑架位置及支持方式不合理；
2. 明敷接闪带的支撑架间距均匀是观感的需要，规定间距的数值是为了保证线路能顺直，确保不因受外力时发生接闪带脱落实的情况；同一条线路的间距均匀一致；
3. 不符合《建筑电气工程施工质量验收规范》GB 50303—2015 第 24.1.3 条规定和第 24.2.5 条规定。

规范标准要求

《建筑电气工程施工质量验收规范》GB 50303—2015 第 24.1.3 条：接闪器与防雷引下线必须采用焊接或卡接器连接，防雷引下线与接地装置必须采用焊接或螺栓连接；

第24.2.5条：
接闪线和接闪带安装应符合下列规定：1）安装应平正顺直、无急弯，其固定支架应间距均匀、固定牢固；2）当设计无要求时，固定支架高度不宜小于150mm，间距应符合规定。

正确做法及防治措施

防治措施：
1. 避雷带支架应采用热镀锌件，卡子与避雷带吻合安装，位置正确，间距均匀，不应弯曲。采用支架卡子固定，不得"T"焊，支架应有足够的强度且镀锌层良好。螺栓固定的防松件齐全，支架根部表面平整，防水措施得当。
2. 支架直线段间距为0.5～1.5m（宜1m），垂直部分宜为1.5～3m（宜1m），支架高度为150mm。避雷网转弯处圆滑过渡，固定支架均匀分布在拐弯处的两侧，距转弯处300～500mm。
3. 明敷避雷带（圆钢、扁钢）搭接焊时，应将避雷带的一端接头制作成"乙"字弯后再进行焊接，以保持避雷带顺直。

5 防雷引下线焊接等不规范

防雷引下线焊接搭接的连接长度不够，焊缝不饱满，单面施焊，焊接处的夹渣、焊瘤等缺陷没有清除

质量问题及原因分析

问题描述及原因分析：
1. 焊接搭接的连接长度不够，会导致有效接触面积减小，从而影响防雷效果；
2. 焊缝不饱满，单面施焊，焊接处的夹渣、焊瘤等缺陷没有清除，无法判断焊接质量；
3. 不符合《建筑电气工程施工质量验收规范》GB 50303—2015 第 22.2.4 条。

规范标准要求

《建筑电气工程施工质量验收规范》GB 50303—2015 第 22.2.4 条规定：防雷引下线、接闪线、接闪网和接闪带的焊接连接搭接长度及要求应符合本规范第 22.2.2 条的规定。接地装置的焊接应采用搭接焊，除埋设在混凝土中的焊接接头外，应采取防腐措施，焊接搭接长度应符合下列规定：1）扁钢与扁钢搭接不应小于扁钢宽度的 2 倍，且应至少三面施焊；2）圆钢与圆钢搭接不应小于圆钢直径的 6 倍，且应双面施焊；3）圆钢与扁钢搭接不应小于圆钢直径的 6 倍，且应双面施焊；4）扁钢与钢管，扁钢与角钢焊接，应紧贴角钢外侧两面，或紧贴 3/4 钢管表面，上下两侧施焊。

焊接搭接的连接长度符合要求，焊缝饱满，无夹渣咬肉等缺陷，作为引下线的钢筋采用白色油漆进行标识，便于检查

正确做法及防治措施

防治措施：
1. 施工前做好交底，电焊工应持证上岗，加强过程控制；
2. 施工工序要紧跟土建专业，避免作业条件的限制；
3. 防雷引下线、接闪线、接闪网和接闪带的焊接连接搭接长度及要求应符合如：圆钢与圆钢搭接不应小于圆钢直径的 6 倍，且应双面施焊的规定。

6　接闪带转角处及避雷引下线做法不规范

质量问题及原因分析

问题描述及原因分析：
1. 接闪带转弯处直接弯折，未设"Ω"弯；
2. 接闪带圆钢与圆钢焊接焊缝不饱满；防腐处理不到位；
3. 引下线标识不清晰；
4. 不符合《建筑电气工程施工质量验收规范》GB 50303—2015 第 24.2.3 条、第 24.2.5 条规定。

规范标准要求

1.《建筑电气工程施工质量验收规范》GB 50303—2015 第 24.2.3 条规定：接闪杆、接闪线或接闪带安装位置应正确，安装方式应符合设计要求，焊接固定的焊缝应饱满无遗漏，螺栓固定的应防松零件齐全，焊接连接处应防腐完好；
2.《建筑电气工程施工质量验收规范》GB 50303—2015 第 24.2.5 条规定：接闪线和接闪带安装应平正顺直、无急弯，其固定支架应间距均匀、固定牢固。

正确做法及防治措施

防治措施：
1. 避雷带转角处应设置"Ω"弯，且伸出外墙面；
2. 避雷下引线圆钢与圆钢、圆钢与扁钢搭接长度满足要求，且焊缝饱满；
3. 焊接节点查验收合格后，应及时将基层飞溅物及铁锈等清除干净，除锈合格后及时施作防腐涂层；
4. 引下线做好黄绿相间的标识。

7 配电箱、柜门接地跨接未采用黄绿双色绝缘铜芯软导线连接

质量问题及原因分析

问题描述及原因分析：
1. 配电箱、柜门接地跨接未采用黄绿双色绝缘铜芯软导线连接；
2. 不符合《建筑电气工程施工质量验收规范》GB 50303—2015 第 5.1.1 条规定要求。

 规范标准要求

《建筑电气工程施工质量验收规范》GB 50303—2015 第 5.1.1 条规定：对于装有电器的可开启门和金属框架的接地端子应选用截面积不小于 4mm² 的黄绿双色绝缘铜芯软导线连接，并应有标识。

正确做法及防治措施

防治措施：
1. 配电箱柜采购应明确技术性能要求，门、金属框架预留接地端子；
2. 配电箱、柜的金属门框跨接线采用不小于 4mm² 的黄绿双色绝缘铜芯软导线与保护接地导体（PE）汇流排直接连接；
3. 编制作业指导书，做好技术交底，加强过程施工检查，监督落实。

8 电机金属外壳 PE 线压接不正确

质量问题及原因分析

问题描述及原因分析：
1. 电机金属外壳 PE 线不应压接在风扇罩上，也不应采用固定风扇罩的螺栓固定 PE 线，应采用专用螺栓压接固定 PE 线；
2. 不符合《电气装置安装工程接地装置施工及验收规范》GB 50169—2016 第 4.3.11 条第 2 款之要求。

 规范标准要求

《电气装置安装工程接地装置施工及验收规范》GB 50169—2016 第 4.3.11 条第 2 款规定：电动机保护接地端子除作保护接地外，不应兼做他用。

正确做法及防治措施

防治措施：
1. 认真进行技术交底，掌握规范规定；
2. 根据规范与技术交底要求，进行首件施工工序细部质量样板，确定质量标准；
3. 在签订水泵、风机等分供合同之时，在合同技术条件中规定电机外壳上应设置专用压接 PE 线螺栓的位置。

9 进出建筑物外墙处的金属管道未作等电位联结或联结不规范

质量问题及原因分析

问题描述及原因分析：
1. 进出建筑物外墙处的金属管道未作等电位联结；
2. 进出建筑物外墙处的金属管线等电位联结不规范；
3. 未严格按技术交底施工，未做样板，过程监管不到位；
4. 不符合《建筑电气与智能化通用规范》GB 55024—2022 第 7.3.1 条、《民用建筑电气设计标准》GB 51348—2019 第 11.1.3 条规定。

 规范标准要求

1.《建筑电气与智能化通用规范》GB 55024—2022 第 7.3.1 条规定：建筑物内的接地导体、总接地端子和下列可导电部分应实施保护等电位联结：1 进出建筑物外墙处的金属管线；
2.《民用建筑电气设计标准》GB 51348—2019 第 11.1.3 条规定：在建筑物的地下一层或地面层处，下列物体应与防雷装置进行防雷等电位联结：4）进出建筑物的金属管道。

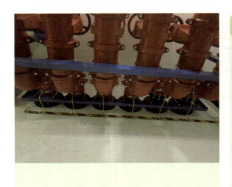

正确做法及防治措施

防治措施：
1. 学习和掌握设计和规范要求，做好等电位联结的技术交底；
2. 在结构施工阶段，预埋预留等电位端子的接地扁钢；
3. 在进出户金属管安装完成后进行等电位联结，从接地扁钢上分别引接地线与管道用抱箍进行可靠联接；
4. 测试等电位联结的导通电阻；
5. 对接地扁钢进行黄绿相间标识。

10　接地保护线采用串联连接

接地线采用
串联连接

质量问题及原因分析

问题描述及原因分析：
1. 接地线采用串接连接。接地线是起保护作用，若某一管路的接地螺栓松脱或断线，则在它以后的各导管所接的地线均会处于悬浮状态，一旦发生漏电，将会产生电位差，存在安全隐患。
2. 不符合《建筑电气与智能化通用规范》GB 55024—2022 第 8.8.6 条规定。

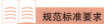

规范标准要求

《建筑电气与智能化通用规范》GB 55024—2022 第 8.8.6 条规定：电气设备或电气线路的外露可导电部分应与保护导体直接连接，不应串联连接。

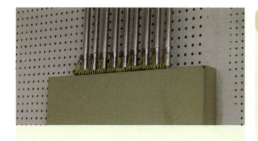

正确做法及防治措施

防治措施：
1. 接地（PE）或接零（PEN）支线必须单独与接地（PE）或接零（PEN）干线相连接，不得串联连；
2. 引入一根接地主干线，将电导管用接地线单独与接地干线相连接。

11　配电柜基础槽钢未与保护导体连接

质量问题及原因分析

问题描述及原因分析：
1. 配电柜基础槽钢未作接地。基础型钢没有可靠接地，基础型钢构架带电时与接地不能形成电气通路，存在危险电位。
2. 不符合《建筑电气工程施工质量验收规范》GB 50303—2015 第 5.1.1 条规定。

规范标准要求

《建筑电气工程施工质量验收规范》GB 50303—2015 第 5.1.1 条规定：柜、台、箱的金属框架及基础型钢应与保护导体可靠连接；对于装有电器的可开启门，门和金属框架的接地端子间应选用截面积不小于 4mm^2 的黄绿色绝缘铜芯软导线连接，并应有标识。

正确做法及防治措施

防治措施：
1. 施工前对施工作业人员下发技术交底，施工过程中跟踪落实；
2. 基础型钢与接地干线连接可以焊接、螺栓连接，应形成明显、可靠的接地，并作标识。

12 需做等电位联结的卫生间的金属部件未与等电位联结导体相连

质量问题及原因分析

问题描述及原因分析：
1. 需做等电位联结的卫生间内金属部件等电位未联结；
2. 不符合《建筑电气工程施工质量验收规范》GB 50303—2015 第 25.2.1 条规定。

规范标准要求

《建筑电气工程施工质量验收规范》GB 50303—2015 第 25.2.1 条规定：需做等电位联结的卫生间内金属部件或零件的外界可导电部分，应设置专用接线螺栓与等电位联结导体连接，并应设置标识；连接处螺帽应紧固、防松零件应齐全。

正确做法及防治措施

防治措施：
1. 按照设计要求，卫生间内需做等电位联结的金属部件附近预留等电位箱；
2. 卫生器具的金属部件或零件的外界可导电部分，设置专用接线螺栓，用 $4mm^2$ 的黄绿双色绝缘铜芯软导线与等电位箱内联结导体连接；
3. 等电位连接处应做标识。

13　金属槽盒起始端未可靠接地

金属槽盒起始端未可靠接地

质量问题及原因分析

问题描述及原因分析：
1. 金属槽盒起始端未可靠接地；
2. 配电柜上端连接的金属槽盒起始端未与保护接地导体 PE 可靠连接；
3. 不符合《建筑电气工程施工质量验收规范》GB 50303—2015 第 11.1.1 条第 1 款、《建筑电气与智能化通用规范》GB 55024—2022 第 8.7.1 条第 1 款规定。

规范标准要求

1.《建筑电气工程施工质量验收规范》GB 50303—2015 第 11.1.1 条第 1 款规定：
　　金属梯架、托盘或槽盒本体之间的连接应牢固可靠，与保护导体的连接应符合下列规定：1）梯架、托盘和槽盒全长不大于 30m 时，不应少于 2 处与保护导体可靠连接；全长大于 30m 时，每隔 20m～30m 应增加一个连接点，起始端和终点端均应可靠接地；
2.《建筑电气与智能化通用规范》GB 55024—2022 第 8.7.1 条第 1 款规定：电缆桥架本体之间的连接应牢固可靠，金属电缆桥架与保护导体的连接应符合下列规定：1）电缆桥架全长不大于 30m 时，不应少于 2 处与保护导体可靠连接；全长大于 30m 时，每隔 20m～30m 应增加一个连接点，起始端和终点端均应可靠接地。

正确做法及防治措施

防治措施：
1. 连接配电箱柜的金属槽盒应可靠接地，槽盒外壳采用截面积不小于 $4mm^2$ 的黄绿色绝缘铜芯软导线与箱柜内保护接地导体（PE）汇流排连接；
2. 施工应做好技术交底；
3. 加强现场施工检查，做好过程控制。

14 等电位箱内母排引出等电位连接回路缺失、母排材质不合格

质量问题及原因分析

问题描述及原因分析：
1. 回路未按设计或图集安装；
2. 母排采用薄黄铜排；
3. 总等电位箱内与接地装置引入线为一路；
4. 技术交底不明确，材料进场验收不严格，过程监管不到位；
5. 不符合《建筑物电子信息系统防雷技术规范》GB 50343—2012 第 5.2.2 条规定。

规范标准要求

《建筑物电子信息系统防雷技术规范》GB 50343—2012 第 5.2.2 条规定：在 LPZ0A 或 LPZ0B 区与 LPZ1 区交界处应设置总等电位接地端子板，总等电位接地端子板与接地装置的连接不应少于两处；各类等电位接地端子板宜采用铜带，其导体最小截面积应符合表 5.2.2-2 的规定。

正确做法及防治措施

防治措施：
1. 图纸会审时，确认等电位箱回路设置；
2. 订货、施工前做好交底，确保母排材质符合要求，回路数量准确，并预留备用回路；
3. 总等电位接地端子板与接地装置的连接不应少于两处。

第 8 章

智能系统

第 8 章　智能系统

1　消防泵房内配电柜防护等级问题

质量问题及原因分析

问题描述及原因分析：
1. 配电柜防护等级不符合要求；
2. 不符合《消防设施通用规范》GB 55036—2022 第 3.0.12.1 条规定。

　规范标准要求

《消防设施通用规范》GB 55036—2022 第 3.0.12.1 条规定：消防水泵控制柜位于消防水泵房内时，其防护等级不应低于 IP55。

正确做法及防治措施

防治措施：
1. 消防控制柜在前期策划时设置专用配电控制室；
2. 受空间条件限制时，设备采购时保证配电柜防护等级不低于 IP55。

2 线缆布放凌乱、标识不全

质量问题及原因分析

问题描述及原因分析：
1. 箱、柜内线缆布放凌乱；
2. 不符合《综合布线系统工程验收规范》GB／T 50312—2016 第 6.1.1 条规定。

《综合布线系统工程验收规范》GB/T 50312—2016 第 6.1.1 条规定：2）缆线在各种环境中的敷设方式、布放间距均应符合设计要求；3）缆线的布放应自然平直，不得产生扭绞、打圈等现象，不应受外力的挤压和损伤；5）缆线两端应贴有标签，应标明编号，标签书写应清晰、端正和正确。标签应选用不易损坏的材料。

正确做法及防治措施

防治措施：
1. 施工前对施工作业人员下发技术交底，明确线缆布放要求；
2. 缆线的布放自然平直，无扭绞、打圈等现象，线缆绑扎成束；
3. 缆线两端应贴有标签，应标明编号，标签书写应清晰、端正和正确。

3 柔性电导管（软管）长度超过 2m

质量问题及原因分析

问题描述及原因分析：
1. 空调系统的风阀信号线金属软管 2.5～3.5m；
2. 不符合《智能建筑工程施工规范》GB 50606—2010 第 4.4.4 条规定。

规范标准要求

《智能建筑工程施工规范》GB 50606—2010 第 4.4.4 条规定：线管出线口与设备接线端子之间，应采用金属软管连接，金属软管长度不宜超过 2m，不得将线裸露。

正确做法及防治措施

防治措施：
槽盒、JDG 管或焊管从 DDC 控制箱至末端设备 2m 范围内，设置过线盒，再用金属软管连接至末端设备检测位置。

4 明敷消防线管防火涂料涂刷不均匀，厚度不足

质量问题及原因分析

问题描述及原因分析：
1. 明敷的消防线管防火涂料涂刷不均匀，厚度过薄，观感较差；
2. 未按照防火涂料施工工艺要求喷涂；
3. 不符合《火灾自动报警系统设计规范》GB 50116—2013 第 11.2.2 条规定。

规范标准要求

《火灾自动报警系统设计规范》GB 50116—2013 第 11.2.2 条规定：线路明敷设时，应采用金属管、可挠（金属）电气导管或金属封闭线槽保护。（条文说明：在本条中规定，当采用明敷时应采用金属管或金属线槽保护，并应在金属管或金属线槽上采取防火保护措施。从目前的情况来看，主要的防火措施就是在金属管、金属线槽表面涂防火涂料。）

正确做法及防治措施

防治措施：
1. 按照防火涂料产品说明书及防火涂料工艺要求施工；
2. 线管安装之前安排专人涂刷防火涂料，保证涂刷均匀，厚度符合要求，验收合格后方可安装。

5 点型探测器的设置不符合规范要求

质量问题及原因分析

问题描述及原因分析：
1. 感烟、感温探测器位置与空调风口距离过近，影响感烟、感温探测功能。
2. 不符合《火灾自动报警系统施工及验收标准》GB 50166—2019第3.3.6条规定。

 规范标准要求

《火灾自动报警系统施工及验收标准》GB 50166—2019 第3.3.6条规定：
3）探测器至空调送风口最近边的水平距离不应小于1.5m，至多孔送风顶棚孔口的水平距离不应小于0.5m。

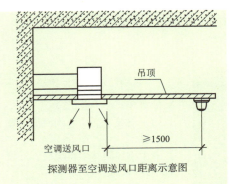

探测器至空调送风口距离示意图

正确做法及防治措施

防治措施：
1. 施工人员要加强规范学习，预埋管道、线盒应做到点位精准；
2. 做好图纸会审工作，施工过程发现问题应及时提请相关各方做出协调、变更，确保满足规范要求；
3. 探测器至空调送风口保持1.5m及以上；至多孔送风顶棚孔口的水平距离保持0.5m以上的间隔距离。

6 控制模块设置在配电箱内、同一报警区域模块未集中安装在金属箱内

质量问题及原因分析

问题描述及原因分析:
1. 控制模块设置在配电箱或柜内;
2. 同一报警区域内的模块未集中安装在模块箱内;
3. 不符合《火灾自动报警系统施工及验收标准》GB 50166—2019 第 3.3.17 条、《消防设施通用规范》GB 55036—2022 第 12.0.12 条规定。

规范标准要求

1.《火灾自动报警系统施工及验收标准》GB 50166—2019 第 3.3.17 条规定:模块或模块箱的安装应符合下列规定:1)同一报警区域内的模块宜集中安装在金属箱内,不应安装在配电柜、箱或控制柜、箱内;
2.《消防设施通用规范》GB 55036—2022 第 12.0.12 条规定:联动控制模块严禁设置在配电柜(箱)内,一个报警区域内的模块不应控制其他报警区域的设备。

正确做法及防治措施

防治措施:
1. 施工前技术交底明确模块设置的位置;
2. 对于单独的一个模块可就近设置,并明确标识;
3. 同一报警区域内的模块集中安装在金属箱内;
4. 联动控制模块不设置在配电柜(箱)内,报警区域内的模块控制相对应的报警区域的设备。

7　手动火灾报警按钮设置位置不便操作、未设置永久标识

质量问题及原因分析

问题描述及原因分析：
1. 手动火灾报警按钮、防火卷帘手动控制装置未安装在便于操作部位、未设置永久标识；
2. 防火卷帘手动控制装置未设置永久标识；
3. 不符合《火灾自动报警系统施工及验收标准》GB 50166—2019 第 3.3.16 条规定。

规范标准要求

《火灾自动报警系统施工及验收标准》GB 50166—2019 第 3.3.16 条规定：手动火灾报警按钮、防火卷帘手动控制装置、气体灭火系统手动与自动控制转换装置、气体灭火系统现场启动和停止按钮的安装应设置在明显和便于操作的部位，其底边距地（楼）面的高度宜为 1.3m～1.5m，且应设置明显的永久性标识。

正确做法及防治措施

防治措施：
1. 向施工班组做好技术交底，明确规范及标准的要求；
2. 手动火灾报警按钮、防火卷帘手动控制装置等设置在明显和便于操作的部位，其底边距地（楼）面的高度为 1.4m；
3. 设置明显的永久性标识。

8 消防控制中心防静电接地不到位

质量问题及原因分析

问题描述及原因分析：
1. 消防控制中心防静电接地地板金属立柱下铜箔断开，防静电接地遭破坏；
2. 不符合《导（防）静电地面设计规范》GB 50515—2010 第 6.1.1 条规定。

 规范标准要求

《导（防）静电地面设计规范》GB 50515—2010 第 6.1.1 条规定：静电接地系统宜由导（防）静电地面面层下设置的静电接地网（带）、接地干线、接地装置等组成，其接地电阻宜小于 100Ω。

正确做法及防治措施

防治措施：
使用截面为 100mm×0.1mm 的铜箔铺设在防静电地板下面，在每个支架下面十字交叉铺设成"#"字形，并连接到接地线，以达到传输静电到地面的效果。

9 电子设备机柜未进行等电位联结或联结不规范

质量问题及原因分析

问题描述及原因分析：
1. 电子设备机柜间未设置等电位端子、未联结；
2. 不符合《民用建筑电气设计标准》GB 51348—2019 第 22.5.1 条规定。

 规范标准要求

《民用建筑电气设计标准》GB 51348—2019 第 22.5.1 条规定：电子信息系统宜采用共用接地装置，其接地电阻值应满足各系统中最小电阻值的要求。电子信息设备机柜应与等电位接地端子箱做等电位联结，并符合本标准第 23 章的要求。

正确做法及防治措施

防治措施：
1. 图纸会审时核实电子机柜设备间的等电位端子箱设置；
2. 施工前做好交底，确保端子箱、连接线管预埋位置准确；
3. 设置明显的永久性标识。

第 9 章

电梯

电梯旋转部件曳引轮传动装置未设置防护装置

质量问题及原因分析

问题描述及原因分析：
1. 电梯旋转部件曳引轮未设置保护装置；
2. 电梯进场验收的相关内容不符合规范规定；总包对电梯专业规范不掌握；
3. 不符合《电梯安装验收规范》GB/T 10060—2023 第 5.1.10.2 条之规定。

规范标准要求

《电梯安装验收规范》GB/T 10060—2023 第 5.1.10.2 条规定：检查防止异物进入包覆绳（带）与曳引轮、滑轮之间的防护装置的设置，验证或审查证明文件【如试验（检测）报告】，确认该装置能防止直径不小于 2.5mm 的砂粒进入。

正确做法及防治措施

防治措施：
1. 电梯设备订货时应依据电梯以上规范明确相关的技术质量要求；
2. 电梯进场验收时应依据以上电梯规范验收全部内容，不符合要求立即办理退场手续，避免质量不合格设备流入到下道工序。